中等职业学校教育创新规划教材

新型职业农民中职教育规划教材

U0219630

农业信息网络应用基础

李鸿雁　　杨子林　　主编

中国农业大学出版社

·北京·

内 容 简 介

随中国经济和社会的高速发展,人们对我国农业的可持续发展、食品的质量安全和环境保护提出了更高的要求,同时农业现代化已经成为中国现代化的一块短板,我国农业到了必须更加依靠科技进步促进现代农业发展的新阶段。

本书共分为四个模块,分别从信息化与现代农业;农业信息网络的常见设备及操作;基础农业信息处理技术;物联网技术在农业生产中的应用等四个方面较为系统的介绍了农业信息网络在我国农业生产中的应用水平、发展趋势和典型农业应用等内容。

图书在版编目(CIP)数据

农业信息网络应用基础/李鸿雁,杨子林主编.—北京:中国农业大学出版社,2015.9

ISBN 978-7-5655-1359-6

Ⅰ.①农…　Ⅱ.①李…　②杨…　Ⅲ.①信息网络-应用-农业　Ⅳ.①S126

中国版本图书馆 CIP 数据核字(2015)第 181951 号

书　　名	农业信息网络应用基础		
作　　者	李鸿雁　杨子林　主编		
策划编辑	张 蕊 张 玉	责任编辑	张 玉
封面设计	郑 川	责任校对	王晓凤
出版发行	中国农业大学出版社		
社　　址	北京市海淀区圆明园西路 2 号	邮政编码	100193
电　　话	发行部 010-62818525,8625	读者服务部	010-62732336
	编辑部 010-62732617,2618	出 版 部	010-62733440
网　　址	http://www.cau.edu.cn/caup	e-mail	cbsszs @ cau.edu.cn
经　　销	新华书店		
印　　刷	北京市平谷县早立印刷厂		
版　　次	2015 年 9 月第 1 版　2015 年 9 月第 1 次印刷		
规　　格	787×1 092　16 开本　19.25 印张　350 千字		
定　　价	50.00 元		

图书如有质量问题本社发行部负责调换

编写人员

主　编　李鸿雁　邢台农业学校高级讲师

　　　　杨子林　南阳农业职业学院高级讲师

副主编　佟月霞　邯郸农业学校高级讲师

　　　　江咏海　广西桂林农业学校高级讲师

　　　　田春燕　南阳农业职业学院讲师

参　编　曹寅如　邯郸农业学校讲师

　　　　郭文超　邯郸农业学校讲师

　　　　杨　彦　南阳农业职业学院助理讲师

　　　　李佳荣　广西百色农业学校讲师

编 写 说 明

　　积极开展与创新中等职业学校教育与新型职业农民中职教育,提高现代农业与社会主义新农村建设一线中等应用型职业人才及新型职业农民的综合素质、专业能力,是发展现代农业和建设社会主义新农村的重要举措。为贯彻落实中央的战略部署及全国职业教育工作会议精神,特根据《教育部关于"十二五"职业教育教材建设的若干意见》《中等职业学校新型职业农民培养方案(试行)》和《中等职业学校专业教学标准(试行)》等文件精神,紧紧围绕培养生产、服务、管理第一线需要的中等应用型职业人才及新型职业农民,并遵循中等农业职业教育与新型职业农民中职教育的基本特点和规律,编写了《农业信息网络应用基础》教材。

　　《农业信息网络应用基础》是中等农业职业教育种植、养殖、农业工程、农业经济管理等四大类专业公共课教材之一。该教材构思新颖,内容丰富,结构合理,以行动导向的教学模式为依据,以学习性工作任务实施为主线,物化了本门课程历年来相关职业院校教育教学改革中所取得的成果,并统筹兼顾中等农业职业教育及新型职业农民中职教育的学习特点。

　　《农业信息网络应用基础》共分为四个模块,分别从信息网络技术在我国当前农业生产中的地位和作用;农业信息网络的常见设备及操作;基础农业信息处理技术;物联网技术在农业生产中的应用等四个方面较为系统地介绍了农业信息网络在我国农业生产中的应用水平、发展趋势和典型农业应用等内容。本教材根据项目驱动式教学的需要,以引导学生主动学习为目的,进行体例架构设计,以适应中等农业职业教育和新型职业农民中职教育创新和改革的需要。本书采用项目教学方式,本着一个任务解决一个农业生产问题的思路,引领教学内容、开展实践训练,突出案例教学,鼓励学生参与,使学中练、用中练贯穿始终。在编写过程中力求深入浅出、通俗易懂,便于教学实践,体现了知识的前沿性、实用性,内容具有针对性、及时性、实用性和新颖性等特点,是中等职业教育及新型职业农民中职教育的专用教材,也可作为现代青年农场主的培育教材、还可作为现代农业、农村信息技术等相关领域的研究、管理及教学人员参考。

　　《农业信息网络应用基础》由邢台农业学校高级讲师李鸿雁与南阳农业职业学院高级讲师杨子林担任主编,邯郸农业学校高级讲师佟月霞、广西桂林农业学校高级讲师江咏梅与南阳农业职业学院讲师田春燕担任副主编,邯郸农业学校讲师曹寅如、邯郸农业学校讲师郭文超、南阳农业职业学院助理讲师杨彦与广西百色农业学校讲师李佳荣参加了编写。最后由李鸿雁完成统稿。编写分工为:模块一、模块四由李鸿雁编写;模块二中项目一、项目二的任务四由江咏梅编写,模块二中项目二的任务一、任务二、任务三由杨子林编写;模块三中项目一的任务一、任务二、任务三、任务四由田春燕编写,任务五由李佳荣编写,模块三中项目二的任务一、任务四由曹寅如编写,任务二、任务三由郭文超编写,任务五由杨彦编写;模块三的项目三由佟月霞编写。中国公共采购有限公司公共采购事业部邢为民副总经理、山东省农业厅科技教育处处长姜卫良与北京农业职业学院马俊哲教授对教材初稿提出了中肯的修改意见,北京农业职业学院赵晨霞教授、辽宁农业职业技术学院曹军教授、农业部科技教育司纪绍勤处长、武汉市农业学院吕清华高级讲师和原农业部农民科技教育培训中心教材处原处长陈肖安等同志对教材内容进行了最终审定,在此一并表示感谢。

编　者

二〇一五年六月

目　　录

模块一　信息化与现代农业

模块二　农业信息网络的常见设备及操作

模块三 基础农业信息处理技术

模块四 物联网技术在农业领域的应用

模块一　信息化与现代农业

项目一　信息化时代与现代农业

【项目学习目标】

> 完成本项目各任务后,应该掌握以下内容:
> 1. 了解我国当前农业生产现状;
> 2. 了解当前我国农业发展面临的主要问题及改革方向;
> 3. 了解农业信息网络技术在现代农业生产中的地位和作用;
> 4. 熟悉农业信息种类以及其获取、加工、应用的途径与方法。

【项目任务描述】

　　本项目分为了解信息技术在现代农业中的应用和现代农业信息及其管理两个任务。通过本项目任务的实践与练习,使学员了解与掌握现代农业的概念与基本特征,初步了解利用现代信息网络技术获取农业信息并传递、加工、应用的途径和方法。通过案例分析、社会调查等教学手段,增强学员观察分析、调查研究、信息检索与沟通协作的职业岗位能力。

任务一　了解信息技术在现代农业中的应用

【任务目标】

　　了解现代农业内涵,体会农业信息网络技术在现代农业实践中的作用。

【知识准备】

现代农业是指广泛应用现代科学技术、现代工业提供的生产资料和科学管理方法的社会化农业。

从产业构成和产业发展的内涵来看,现代农业包含以下几层含义。一是现代工业及其技术全面装备农业,由机械、工程、设施、通信、网络、海洋农牧化等补充、延长、改善、扩大和取代传统农业的生产方式、生产时间、生产空间和生产范围,极大提高了农业自然资源利用率和劳动生产率;二是用现代市场科学、管理科学的新观念、新理论、新方法组织农业,由贸工农一体化的产业化方式经营农业,企业化的方式管理农业,大幅度提高农业经营管理的效率和产业的整体经济效益;三是现代产业发展理论武装农业产业及其相关的综合支撑体系,用市场化、专业化、社会化的服务体系服务农业,大幅度提高农业生产的社会化程度、单位农产品生产效率和经济效益;四是用科学知识与现代农业技术武装农民,最大幅度提高农业生产者的科学知识和技术素质;五是现代农业科学技术全面应用于农业,实现产业技术的革命,农业生产方式的历史变革,农业科技贡献率和农业综合生产能力空前提高。

现代农业的核心是科学化,特征是商品化,方向是集约化,目标是产业化。相对于传统农业它表现出如下特点:

(1)突破了传统农业仅仅或主要从事初级农产品生产的局限性,实现了"种养加、产供销、贸工农"一体化生产,农业的内涵得到了拓宽和延伸。

(2)突破了传统农业远离城市或城乡界限明显的局限性,实现了城乡社会经济一元化发展,城市中有农业、农村中有工业的协调布局,科学合理地进行资源优势互补,有利于城乡生产要素的合理流动和组合。

(3)突破了传统农业部门分割、管理交叉、服务落后的局限性,实现了按照市场经济体制和农村生产力发展要求,建立一个全方位的、权责一致、上下贯通的管理和服务体系。

(4)突破了传统农业封闭低效、自给和半自给的局限性,实现了农产品优势区域布局、农产品贸易国内外流通,有利于资源的合理利用、先进科学技术的推广应用、优质农产品标准化生产和现代管理手段的运用。

总的说来,现代农业是以现代发展理念为指导,以保障食品安全、增加农民收入、实现农业可持续发展为主要目标,不断引进新的生产要素和先进经营管理方式,用现代科学技术、现代物质装备、现代产业组织制度和管理手段来经营的,在国民经济中具有高水平土地产出率、劳动生产率、资源利用率的市场化、标准化、产业化的农业形态。

当前我国农业生产处于传统农业向现代农业转型阶段,在此过程中信息技术的发展起到了深刻的作用。信息技术是包括计算机技术、通信技术、微电子技术、光电子技术、信息安全技术、智能传感技术等的一项综合技术。其中计算机技术与通信技术是信息技术的基础和关键技术。信息技术在农业领域的应用称为农业信息技术，目前农业信息技术已广泛用于涵盖农、林、牧、渔各个方向：利用土地资源进行种植的种植业，利用土地空间进行水产养殖的水产业，利用土地资源培育采伐林木的林业，利用草地发展畜牧的牧业，以及对这些产品进行小规模加工或者制作的农业副业。与此同时，和农业生产相关的产前的农业机械、农药、化肥、水利，产后的加工、储藏、运输、营销以及进出口贸易，也都随着农业信息化技术的发展而进行着生产和服务模式的革新。

例如，在许多现代化温室中利用信息技术可以模拟太阳的运行过程，使农作物像在自然界一样进行光合作用，这样就可以不分季节、夜以继日、连续不断地生产，从而提高生产速度，缩短生产周期，增加产量。不仅如此，通过互联网络技术，在农作物售卖期间，生产者可以浏览世界各地网上的信息，如农产品期货价格、国内市场销售量、进出口量、最新农业科技和气象资料等，还可以在网上销售农产品。可以说农业信息技术给农业生产生活带来了一次全新的革命。

任务设计与实施

【任务设计】

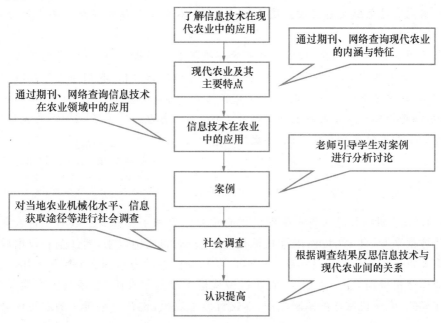

【任务实施】

(一)案例引入

浙江农业越来越智慧

在今年农博会主会场新农都会展中心的大门口,61 家大型农机生产厂商的110 余台套农机产品特别显眼,从耕田、播种、浇水,到收割、包装、运输,包括联合收割机、农用无人机、自动驾驶插秧机、蔬菜自动嫁接机、精密育苗播种机、智能化玻璃温室等先进农业机械及设施设备一应俱全。

"看看这些播种机械你就知道,咱农民早就不是挥锄头、铁锹的形象了,我家新买的新型耕种机械,就能把翻地、播种、施肥这些活一并完成,播种质量也显著提高。"农民陈刚告诉记者,"以前抢农时,需要白天黑夜连轴干,现在用上农机,效率提高了好几倍!"

在新农都会展中心三楼的"智慧农业"展区,一套互联网智能监控器和智慧农业云平台让不少参观者大开眼界。工作人员随意选择一个地市杭州,就能看到该市已有智慧农业设备的农业企业的生产情况,不仅可以监控到大棚里的光照、空气湿度等要素,并且可以根据需要远程后台调节。

德清小根水产养殖场安装了用于水产养殖的互联网智能监控器。负责人吴小根介绍,他打理自家的四片鱼塘,全靠一台电脑。"你瞧,鱼塘的水温、pH、溶氧量等数据能通过电脑实时监控。这么方便,根本不用整天往鱼塘跑。"吴小根介绍,"偷懒"的窍门,就藏在鱼塘水底。每片鱼塘底部都装有一个探头,就好像一个全方位监控的雷达,鱼群的生活状况、水塘的环境等要素通过分析,都能在电脑上反映出来。"假如水中溶氧量不够,警示系统就会自动发出警报,我们通过遥控就能开启增氧泵,输送氧气。"吴小根说,"以前靠经验养鱼,大热天顶着烈日去记录溶氧量、水温等指标。如今看看电脑就一目了然,省时省力。"连上了"智慧"的鱼塘,不仅增加了养鱼的安全系数,还能实现增产 15%。

(浙江日报　2014-11-28)

(二)案例分析

1. 农业机械化已成为农业现代化的重要内容和主要标志。以浙江省农业厅统计数据来看,自 2004 年《农业机械化促进法》颁布实施以来,浙江全省仅财政补贴农业机械装备新增量就达到 94 万台(套),农机总动力达到 2 470 万千瓦,其中农业作业机械动力占 78.2%。农业机械从根本改变了农民"面朝黄土背朝天"的苦作模式,农业机械化的不断应用,不仅解放了农民,也让越来越多的农民体会到了科技对现代农业的重要。

2. 农业在现代信息技术和现代工业技术的推动下生产模式和生产效率发生着巨大的变化。随互联网技术日益发达,各类传感器、自动识别系统、射频识别技术(RFID)、全球定位系统、无线通信技术、云计算技术等也纷纷大量应用于农业。农业生产劳动将变的愈发轻松、智能、高效。传统的农业也将从靠天吃饭的困境中解脱出来,人为精确调控适合作物、水产、仓储的环境;自动化播种、育苗、生产、采收;精准化施肥、灌溉;远程接受农业专家指导;通过互联网络随时掌握农业政策和全国农产品市场信息;产品网络销售等,这些都在逐步成为现实,农业将进入数字化、精准化、标准化和规模化生产的新阶段。

(三)任务组织实施

1. 组织学生对当地农业生产都用到了哪些机械和自动化设备、农业生产方式上发生了哪些变化为题进行社会调查,并完成调查报告。

2. 谈谈当地农资购买、农产品销售、寻求科技支持的方法和途径。

3. 组织学生以"我眼中的现代农业"为题进行主题演讲。

任务二　现代农业信息及其管理

【任务目标】

了解现代农业典型应用中信息种类以及获取、传递、处理、发布的原理及方法。

【知识准备】

农业信息化主要有两方面特点:一是物联网技术广泛应用于农业,农业生产向智能化方向发展,主要涉及农作物"四情"监测、设施农业、畜禽水产养殖、农机作业调度、农产品质量安全等领域。二是农业经营向网络化转型。农业天气查询与预警,农产品市场行情的发布与获取,农业专家咨询等活动转化向利用互联网络平台来完成。尤其电子商务在我国农产品销售中所占的比重也逐渐加大,目前我国农产品电商平台已逾 3 000 家,农产品网上交易量迅猛增长。

一、智慧农业

(一)大田作物、温室、仓储、水产养殖等生产中的环境监测

农业生产的对象都是有"生命"的产品,农产品在生产、加工和运输、销售整个

过程中对环境均有比较苛刻的要求。空气温度、湿度、光照条件和土壤水分含量等因素严重影响着作物的生长发育,而干燥的环境、适宜的温、湿度和较低的含氧量又对农产品的储藏和运输大有好处,可见环境的监测和调控在农业生产、销售链条中所起的作用是非常重要的。

要想随时监控和调节环境因素,第一步就是要获取诸如温度、湿度、光照、氧气含量、土壤矿物质含量等信息。传感器(Sensor)便是获取这些信息的装置,通常由敏感元件和转换元件组成。传感器的种类非常丰富和复杂,根据原理不同常见的类型有光电式传感器、压电传感器、电磁式传感器、热电式传感器、气敏传感器、离子传感器、生物传感器等。传感器在农业生产中的应用(表 1-1-1)使得我们可以便捷地得到各类重要信息。

表 1-1-1　传感器在农业中的应用

传感器的用途	传感器种类
土壤信息	土壤温度传感器、土壤水分传感器、土壤导电率传感器、土壤酸碱度传感器等
水质水文	溶氧量传感器、水温传感器、pH 传感器、电导率传感器、流量传感器、水位传感器等
气象环境	风速传感器、风向传感器、雨量传感器、大气压传感器、空气温湿度传感器、光照传感器、累计热量传感器等
气体参数	烟雾传感器、二氧化碳传感器等
植物参数	分蘖传感器、分叶传感器、株高传感器、株径传感器、叶面温度传感器等
视频图像	图像传感器等

生产中通过运用遥感地表温度或遥感作物光谱信息等方式可以对农业干旱进行遥感与预测;基于图像和植物电信号可以进行作物营养诊断进而实现作物病害预警;根据生产对环境的要求可以使用各类传感器捕获所需要的技术信息,通过这些传感器和信息处理技术可将农业生产环境中的状态转换成计算机可保存和处理的形式整理和存储下来,方便查询和使用,并可以通过互联网传输到任何地方,使得操作者不在现场也可以了解现场的环境状态。传感器在现代农业生产中得到了广泛的应用。

(二)信息传输与综合管理平台

上述各型各类传感器及技术就如同人的感觉器官,用来感知外界光、温度、气压等信息,利用这些信息可以控制多种设备来调节现场状态。比如利用传感器传来的信号控制通风控制器来促进空气流通改变氧气和二氧化碳浓度以及设施内的温湿度,通过喷淋控制器来增加插穗叶际湿度等。图 1-1-1 为智慧农业系统架构图。

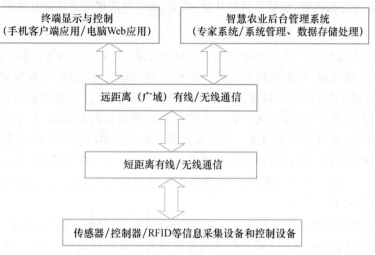

图 1-1-1　智慧农业系统架构

在农业生产现场中所部署的多个传感器和控制器需要相互连接,甚至连通至互联网上,那么就需要使用短距离通信技术,将现场的设备与网关相连,网关再与互联网连接。短距离通信可以使用有线形式将模拟传感器传输的电压、电流信号或数字传感器的数字信息与网关相连。在比较复杂的环境中也可以利用 ZigBee 等技术进行短距离无线通信。当需要广域互连或服务器部署在公共服务环境时需要通过以太网、ADSL、光纤等有线方式与互联网连接。在一些远离城市,有线网络没有到达的地方可以通过 2.5G/3G/4G 等广域无线技术与互联网连接。用户的终端设备如智能手机、平板电脑、无线上网本通过无线技术与互联网相连,实现随时随地进行信息的查看与控制。

智慧农业后台管理系统。这部分相当于整个智慧农业系统的"大脑",通常具备三方面的功能。首先具备数据存储和处理功能。农业现场产生的数据是海量的,许多应用需要使用大量的历史数据。如农业生产环境的监测、农作物病害预警、作物成熟期预测等,长期记录的历史数据及分析结果对农业生产有着很好的指导意义。第二个非常重要的内容就是"专家系统"。在专家系统中制定并保存各种规则,根据现场传来的信息对设备进行自动化控制。例如,当测得土壤含水量低于预设值时开启灌溉系统。专家系统中的规则设定对于农业生产至关重要,通常由行业专家来完成,一旦设定完成系统将自动执行。另外专家系统还可以对各种历史数据进行分析,并根据当前农业生产环境的变化,提前进行预测和分析,并配置相关的操作规则,更加体现农业生产的精准化和智慧化。第三方面功能就是系统的维护和运营等方面内容,包括系统的认证、安全、收费等通用的系统运营维护功能。

(三)农机调运和自动导航技术

我国大部分地区都在开始使用农业机械作业,常见的有激光控制平地机械、自动播种、采收机械、精细喷药机械等。这些机械自动化程度高、动作准确、效率高、平均使用成本低,把人从最繁重的农事劳作中解脱出来。但这类机械单台价格较高,使用农时集中,除部分从事规模生产的农业集团自购机械外,常见的有政府补贴农户购买,农机管理部门统一管理模式和由某管理机构或中介机构进行组织、购买和管理等模式。农机管理机构利用卫星定位技术(GPS)、无线通信技术、地理信息系统技术(GIS)等手段对农机具和操作人员进行远程调度,提高农机具的使用效率,抢赶农时。

农机调运管理需要在农机上安装定位和视频监控设备,利用无线通信网络将信息传递给管理中心,管理人员可以适时掌握所有农机的区域分布情况、动行轨迹、运行状况,并能远程通信和技术指导。通过有效的农机管理最大限度地合理调配农机设备、引导农机作业有序流动、避免跨区作业的盲目性等方面起到较好的作用。

(四)农产品溯源

"农产品溯源",我们可以理解为对农产品从生产、加工到运输、销售各环节进行统一标识,并进行全程追踪,记录每个环节的生产和操作信息以及相关的视频资料。在各生产环节中严格控制质量要求。一旦产品发生质量问题可以迅速有效地追踪到问题的源头并确定与问题相关联的产品,以便做出快速处理。消费者可以利用终端查询设备如手持式扫描仪、终端查询机甚至利用手机扫码、短信查询、电话查询、上网查询等多种方式获取产品信息,真正实现"放心肉"、"放心菜"的安全消费。图1-1-2为果品质量溯源应用。

二、农业管理、销售网络化

随互联网络在农村中的应用逐渐普及,各级农业管理部门或行业组织建立农业信息服务类网站,为农民提供农业信息。让我们打开"中国惠农网"网站(http://www.cnhnb.com)。首页可见当日同时在线商家已达26万余家,产品总量21万余种,在网站首页醒目位置不断滚动显示着农产品的供应和求购信息。在"采购大厅"栏目各类特色农产品以图文形式向网络客户进行介绍,并且可以方便地进行比价和交易。农民可以免费在该网站发布自家的农产品信息,利用惠农网

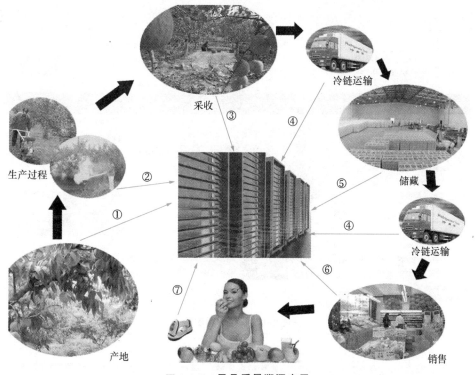

图 1-1-2　**果品质量溯源应用**

①产品编码、产地信息数据上传　②生产过程数据上传　③采收数据及视频上传
④运输过程数据上传　⑤储藏期数据上传　⑥销售数据上传　⑦用户可凭编码查询

　　提供的手机 APP 应用,更可以随时随地利用智能手机、平板电脑完成实时供求发布,了解农产品信息,掌握农业资讯,获得专家权威解答等服务,如图 1-1-3 所示。

　　中国农业信息网(http://www.agri.gov.cn)是一家由农业部负责建设管理运行的网站。网站为广大涉农工作者提供了权威农业资讯、政策法规,适时市场信息服务,气象信息、灾情检测预警服务,科技服务等内容。内容准确及时全面、权威性强,对农业生产和管理工作有很强的参考价值和指导意义,如图 1-1-4 所示。

　　类似的网络服务近些年来如雨后春笋般不断涌现,有些是行业管理部门组织创办的,有些是农业合作组织建立的,有些来自于科研院校,更多的则来自于涉农企业。农民足不出户就可以完成从生产决策咨询、农资购买、技术支持,以至产后储运、销售的全过程服务。在应用形式上也从单向信息传递向多途径双向适时转变,尤其近两年随着平板电脑和智能手机的普及,农民更可以随时随地掌控农业信息。农业生产和农民的生活正因为网络而变得更加的高效和精彩。

图 1-1-3   中国惠农网

图 1-1-4   中国农业信息网

任务设计与实施

【任务设计】

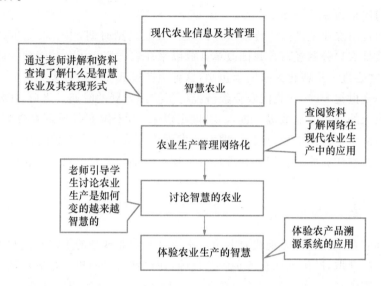

【任务组织实施】

1. 通过电脑登录中国农业信息网,查看与农业生产有关农业政策法规。

2. 讨论"智慧农业"生产是如何体现"智慧"的。

3. 走进超市,在农产品柜台有一些产品上印有条形码,试用手机或超市提供的终端扫码机进行扫描,获取商品的详细信息,体验农产品从生产到加工、储运、销售各环节的信息流动和管理在食品安全方面的应用。

【知识拓展】

一、农业及我国农业生产现状

我们把利用动物、植物等生物的生长发育规律,通过人工培育来获得产品的生产活动,统称为农业。根据生产力的性质和状况,农业可分为原始农业、古代农业、近代农业和现代农业。农业是人类社会赖以生存的基本生活资料的来源,国民经济其他部门发展的规模和速度,都要受到农业生产力发展水平和农业劳动生产率高低的制约,农业是国民经济发展的基础和保障。

狭义的农业仅指种植业或农作物栽培业;广义的农业包括种植业、林业、畜牧业、副业和渔业。中国农业数千年来一直以种植业为主。包括粮食作物、经济作物、饲料作物和绿肥等的生产,通常用"十二个字"即粮、棉、油、麻、丝(桑)、茶、糖、菜、烟、果、药、杂来代表,粮食生产尤占主要地位。目前种植业在我国农业总产值中所占的比重为 $30\%\sim50\%$。

我国目前农业生产处于传统农业向现代农业转型时期,当前农业生产的基本模式仍然是农户分散经营。我国改革开放以来在农村实行了各种形式的联产承包责任制,之后进一步转化为家庭承包制,这种生产模式在当时极大地解放了农村生产力,在 20 世纪 80 年代我国农业经济经历了快速发展的时期。之后,其发展速度和农民收入的增长明显减缓。进入 21 世纪以来,由于国家各项惠农政策的实施,农民的生活水平得到了较快提高,但农业发展中存在的诸多矛盾随社会的进步愈发突显。在现代农业经营理念和现代科学技术的推动下我国农业正在由传统农业向现代农业转型。

二、什么是精细农业

精细农业生产管理是现代农业生产中通过对农业现场的生产环境和生产对象属性信息的获取,准确地调整各种农艺设施,在最佳的时间投入合适数量的水、肥、农药等生产资料,以最少的资源消耗获取最大收益的农业生产管理方式。

在传统的农田管理中,采用统一的施肥时间、施肥量。而实际作物间存在的差别、空间变异使得这种按均一进行田间作业的方式存在两种弊端:第一,浪费资源,为了使贫瘠缺肥的地块也能获得高收成,就把施肥量设定得比较高,那么本来就比较肥沃的地块就浪费了;第二,这些过量施用的农药、肥料会流入地表水和地下水,引起环境污染。在这种情况下提出了精细农业,根据田间变异来确定最合适的管理决策,目标是在降低消耗、保护环境的前提下,获得最佳的收成。精细农业本身是一种可持续发展的理念,是一种管理方式。但是为了达到这个目标,需要三方面的工作。首先,获得田间数据;其次,根据收集的数据作出作业决策,决定施肥量、时间、地点;第三,需要机器来完成。这三个方面的工作仅凭人力是无法很好完成的,因此需要现代技术来支撑,也就是所谓的 3S 技术——RS(遥感,用于收集数据)、GIS(地理信息系统,用于处理数据)、GPS(定位系统),并且最终需要利用机器人等先进机械来完成决策。这两点结合即平时所说的农业信息化和农业机械化。全国目前推行的测土配方施肥工程就是精细农业的一例。测土配方施肥技术是指通过土壤测试,及时掌握土壤肥力状况,按不同作物的需肥特征和农业生产要求,实行肥料的适量配比,提高肥料养分利用率。

精细农业与传统农业相比,主要有以下优点:

1. 合理施用化肥，降低生产成本，减少环源污染

精细农业采用因土、因作物、因时全面平衡施肥，彻底扭转传统农业中因经验施肥而造成的三多三少（化肥多，有机肥少；N 肥多，P、K 肥少；三要素肥多，微量元素少），N、P、K 肥比例失调的状况，因此有明显的经济和环境效益。

2. 减少和节约水资源

目前传统农业因大水漫灌和沟渠渗漏对灌溉水的利用率只有 40% 左右，精细农业可由作物动态监控技术定时定量供给水分，可通过滴灌微灌等一系列新型灌溉技术，使水的消耗量减少到最低程度，并能获取尽可能高的产量。

3. 节本增效，省工省时，优质高产

精细农业采取精细播种，精细收获技术，并将精细种子工程与精细播种技术有机地结合起来，使农业低耗、优质、高效成为现实。农作物的物质营养得到合理利用，保证了农产品的产量和质量。

项目思考与练习：

1. 什么是传感器？它在农业信息应用中的作用是什么？
2. 谈谈自己身边的农业生产方式发生了哪些变化？
3. 以"现代化农业离我们有多远"为题进行分组讨论。

项目二　我国农业信息化的发展现状与未来

【项目学习目标】

完成本项目各任务后,应该掌握以下内容:

1. 了解我国农业信息化的发展历史和现状;

2. 了解国外农业信息化发展特点;

3. 了解农业信息化的前沿技术及发展方向。

【项目任务描述】

本项目分为了解我国农业信息化的发展现状和了解农业信息化的发展趋势两个任务。通过本项目任务的实践与练习,使学员了解我国农业信息化的发展历史及当前应用水平,熟悉国外典型农业生产国农业信息化的应用状态,了解农业信息化发展的前沿技术及发展方向。通过资料检索、分组讨论、社会走访等教学手段,增强学员观察分析、调查研究、信息检索与沟通协作的职业岗位能力。

任务一　了解我国农业信息化的发展现状

【任务目标】

了解我国农业信息化的发展历程,熟悉当前我国农业信息化应用水平。

【知识准备】

农业信息化实质上就是利用信息技术的最新成果,全面实现农业生产、管理、农产品加工、营销以及农业科技等信息的获取、处理和合理利用,加速传统农业的改造,大幅提高农业生产效率、管理和经营决策水平,促进农业持续、稳定、高效发展的进程。主要涉及信息采集技术、信息传输技术、信息处理技术、信息控制技术、信息模拟技术等。

一、我国农业信息化的发展历程

由于农业在国民生产中的重要性,我国政府始终高度重视我国农业问题,自2004年以来连续发布了12个以"三农"为主题的中央一号文件,强调加快农业信息化建设和积极推进农业信息化。但我国地域辽阔,南北气候差异大,东西地形各异,农作物生产区域性强,不同地区经济发展水平差异较大,我国农业信息化的发展在全国表现也较不均衡,总结来看,我国农业信息化的发展大体经历了以下四个阶段。

第一阶段是农业信息化基础建设阶段。自1998年起原广电部和国家计委在全国启动了"广播电视村村通工程"。到2007年共投入40多亿元资金加强农村地区广播电视节目的发射、转播、传输、监测基础设施建设,完成了全部11.7万个已通电行政村和10万个50户以上已通电自然村的"村村通广播电视"工程建设,有效地解决了1亿农民收听收看广播电视难的问题。2004—2007年原信息产业部组织中国电信、中国网通、中国移动、中国卫通、中国联通、中国铁通六家运营商在全国范围内开展了"村村通电话工程",累计投资达200多亿元,农村移动通信网络乡镇覆盖率达到98.9%,行政村覆盖率达到93.6%,部分行政村具备了宽带或窄带上网能力。农村电话网与互联网双双发展构成了农村信息服务的基础平台和主要渠道。

第二阶段是农村信息化平台建设阶段。我国农村生产组织分散,地域性强,科技水平低,信息封闭,对农业信息有着极大的需求。农业信息化平台在具备互联网应用条件的省市发展极快,据统计全国省级、地(市)级、县级农业部门建设了农业信息网站的比例分别由2000年的87%、40%、16%,上升到2007年的100%、83%、60%以上。以农业部建设运行的"中国农业信息网"为龙头,各省农业部门信息网站为骨干,各种社会力量举办的农业信息网站为依托的全国农业信息网站体系迅速形成。

第三阶段是农村信息技术与其他技术融合发展阶段。信息技术是渗透性最强、带动性最强的技术,信息技术与其他农业相关技术的融合促进了现代农业多层次多方向发展。如云南省农科院与中国移动云南分公司等机构的共同协作下于2005年在全国首创了"三农通"涉农信息服务体系。从简单的媒体和企业联合到多个涉农部门的参与,从信息员队伍的组建到涉农信息联络站的设立,从专家电话咨询服务的开通到专家团队的不断扩充,多年来"三农通"向广大农户就农业政策、农产品市场、种植、养殖、畜牧兽医、气象及灾情预报、外出务工、农村教育、卫生医疗等提供了大量信息,通过手机短信、语音电话、互联网等形式,切实解决了广大农民在生产、生活中急待解决的诸多问题。

863智能化农业信息技术应用示范工程是最具代表性的项目,国家投资近亿元,历时十余年,是我国目前得到政府持续支持时间最长、参与人员最多、实施区域最广的一个项目,开发了5个863品牌农业专家系统开发平台,200多个本地化、农民可直接使用的农业专家系统,建立了包括10万多条知识规则的知识库、3 000多万个数据的数据库、600多个区域性的知识模型。覆盖全国800多个县,累计示范面积5 000多万亩,增收节支总额28亿元,700多万农户受益。

第四阶段是农业物联网和精准农业发展阶段。现代传感技术和农业信息化促进了农业物联网的发展,所谓"农业物联网"是利用各类传感器、控制器、射频自动识别(RFID)等技术对农业生产对象进行识别、感知和控制,并通过局部无线网络、互联网、移动通信网等各类通信网络交互传递,达到信息的互联共享,实现人与人、人与物、物与物之间的全面互联。更透彻的感知技术、更广泛的互联互通技术和更深入的智能化技术,使得农业系统的运转更加有效、更加智慧。目前我国农业物联网技术主要应用于农业生产中的环境监测和信息追溯。如智能温室对空气温湿度的自动化控制;水产养殖对水温、溶氧量和 pH 的自动控制;农产品质量追溯系统等。

精准农业可称为"信息时代的现代农田精耕细作技术",它首先要求尽可能应用先进的信息采集手段来快速、实时、较低成本地获取农田作物产量、品质等差异性信息和影响作物生产的各种客观数据,从大量数据中提取有助于制订农作管理科学决策的信息,能有效地运用农作管理的科学知识分析客观信息,制订农业生产的科学管理决策,最后通过各种变量农作机械或人工控制等措施来达到作物生产预期的技术经济目标。我国已成功将 RS、GIS 技术应用于农业生产中,在作物面积调查、农业气象和灾害测报、资源环境和土地利用情况调查与动态监测、作物估产等方面做了示范应用。我国"精准农业"尚处于起步阶段,局限于 GIS、GPS、RS、ES、MS 等单项技术领域与农业领域的结合,没有形成精准农业完整的技术体系。

二、现阶段我国农业信息化的发展状况

现阶段全国能上网的乡镇比例达到了100%,能宽带上网的比例达到98%,"乡乡能上网"、"村村通电话"、"广播电视村村通"已基本实现。农业部在全国农业

系统建设了近40条信息采集渠道,涵盖种植、畜牧业、渔业、农垦、农机化、乡镇企业、农村经营管理、农业科教和农产品市场流通等行业和领域,农业农村信息采集渠道不断完善。农业网站体系不断健全,全国农业网站总数达31 108个,覆盖部、省、地、县四级政府的农业网站群基本建成。近年来相继建立了农业政策法规、农产品价格、农村经济统计、农业科技与人才等50多个数据库,各省级农业部门也相继建设了涵盖农村生产、农产品供求、农产品价格、农业科技政策等领域的数据库系统。各级农业部门、电信运营商以及越来越多的涉农企业借助移动网络和互联网等载体搭建了各类农业服务平台,如"农信通"、"信息田园"、"农业新时空"等,农业电子商务也悄然兴起。

截至2010年全国19个省、78个地级市和344个县实施了"三电合一"项目,建设推广了12316全国农业公益服务统一专用号码,实现农业信息语音和手机短信服务。整合和规范了省、地网站和部属相关单位网站的内容,建成了农业信息网站群,形成全国农业综合信息服务的窗口平台。实现了电话、电视、电脑"三电合一",通过利用电脑网络采集信息,丰富了农业信息资源数据库,为电话服务和电视节目制作提供了信息资源,或通过网络直接为农民服务,利用电话系统,为农业生产经营者提供语音咨询、专家远程解答服务、电视电话服务、手机短信等服务。或利用电视传播渠道,针对农业生产经营中的热点问题和电话咨询过程中反映的共性问题,制作、播放生动形象的电视节目,以提高信息服务入户率。

丰富多样的农业信息服务模式不断涌现,并逐渐成熟。如浙江利用"农民信箱"信息服务平台,为农民提供形式多样的信息发布、农产品产销对接等服务,实名制用户已达236万;上海"农民一点通"平台,使农民足不出村,就能享受到方便、快捷的信息化服务。此外还有广东的"农业信息直通车"、海南的"农技110"、福建的"农业科技特派员"等都为当地农业生产带来了极大的便利。

农业物联网技术在一些地方开始试点应用。基于无线传感网络的滴灌自动控制系统在北京、上海、黑龙江、河南、山东、新疆等地开始试点。一些猪场、奶牛场和禽场开始运用物联网技术进行养殖环境监控、疾病防控以及自动饲喂,一些大型奶牛场还引进了国外基于物联网技术的挤奶机器人。江苏、山东、广东、上海、浙江、天津等省市的水产养殖企业也开始利用最新的农业物联网技术,配置水产养殖实时远程监测系统,对水产养殖环境进行实时在线监测。

当前农田信息管理系统在规模化农场中开始使用;墒情监测系统在贵州、辽宁、黑龙江、河南和江苏等地已进入应用阶段;遥感系统多应用于农业资源和大宗农作物面积、长势和产量监测和评价。智能装备也已开始广泛应用于我国园艺生产、畜禽养殖和水产养殖以及农机具管理和农产品溯源等领域。我国现代信息技术应用正逐步深入到农业生产、管理、安全保障、储运与营销等各个环节,正逐渐从单项应用向综合集成应用过渡。

任务设计与实施

【任务设计】

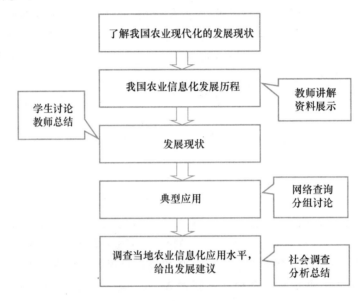

【任务实施】

1. 了解我国农业信息化建设所经历的四个阶段以及各自的特点。

2. 通过网络、走访、咨询等形式获取资料,分组讨论当地农业信息化建设的现状,分析其不足并给出进一步发展的建议。

任务二　了解农业信息化的发展趋势

【任务目标】

1. 了解国外农业信息网络技术的应用情况;

2. 了解当前农业信息化发展的前沿技术;

3. 熟悉我国农业信息化发展过程中存在的问题。

【知识准备】

一、了解国外农业信息网络技术的应用

由于农业在国民生产中的基础地位,世界各国都非常重视农业的变革与发展,尤其美国、英国、荷兰、法国、日本、以色列等国,各国根据其农业生产特色和地理自然条件,逐步采用信息化技术与其他农业技术相结合,改造传统农业,不断提高农业的科技含量,农业生产效率迅速提高。

(一)美国

美国是农业高度发达的国家,以仅占人口总量 2% 的农民不但养活了 3 亿多的美国人,而且使美国成为全球最大的农产品生产国和出口国。其重要的原因是美国农业信息化水平世界领先,农业生产实现了网络化、数字化、智能化,有效地降低了农业生产成本,农作物产量和质量大幅提升,保证了农业的可持续发展。

美国政府每年用于农业信息网络建设方面的投资约为 15 亿美元,已建成世界上最大的农业计算机网络系统 AGNET,覆盖美国国内的 46 个州、加拿大的 6 个省和美加以外的 7 个国家,连通美国农业部、15 个州的农业署、36 所大学和大量的农业企业。美国农业部及相关机构定期发布从政府到企业、从国家调控到市场调节、从产前预测到产后统计、从投入要素到生产成品,从生产至库存到流通、销售,从自然气候到防灾减灾等全方位的信息。同时美国早就以立法的形式对农业信息服务做出了规定,要求享受政府补贴的农民和企业,均有义务向政府提供农产品产销信息。众多农产品市场动态信息的收集与发布,常常上午采集信息,经及时汇总、整理,当天中午就可分类发出。美国逐步形成了从信息资源采集到发布的完整体系。这些信息通过卫星系统即时传到全国各地的接收站,再通过广播、电视、计算机网络和报纸传递给公众。农民通过家中的电话、电视或计算机,便可共享网络中的信息资源。在对美国商业农场主的调查显示他们已经将互联网作为了解商品价格、天气、农药、机器等信息的重要手段。

从 20 世纪 70 年代美国开始应用的计算机技术,实现了一系列农业生产自动化管理,目前 3S 技术(即遥感技术、地理信息系统和全球定位系统)、计算机技术、自动化技术、网络技术等在农业生产中得到大量应用,逐步实现精确化、集约化、信息化控制农业生产,根据田间因素的变化,可精细准确地调整各项土壤和作物管理措施,最大限度地优化各项投入,以获取最高产量和最大经济效益。目前,美国有51% 的农民接上了互联网,20% 的农场用直升机进行耕作管理,很多中等规模的农场和几乎所有大型农场已经安装了 GPS 定位系统,图 1-2-1 为农场运用 GPS 等感

知技术进行专业化农药喷洒作业。特大型农场已经形成了"计算机集成自适应生产"模式,即将市场信息、生产参数信息(气候、土壤、种子、农机、化肥、农药、能源等)、资金信息、劳力信息等集中在一起,经优化运算,选定最佳种植方案。在作物生长过程中,根据当地不同地块小气候的变化,进行自适应喷水、施肥、施药,以保持良好的生长条件,使农业生产形成良性循环,达到风险最小、利润最高的目的。21世纪后,美国全面进入精确农业时代。

图 1-2-1 运用 GPS 等感知技术的美国农业专业化农药喷洒系统

美国作为信息化程度最高的国家之一,最早开展了农产品电子商务,同时也一直是该领域的领头羊,目前美国的大型农产品网站超过了 400 个,除了这些专业的网络公司,美国的特大农产品企业也都在发展自己的农产品电子商务。据统计,美国使用计算机开展农场业务的农场比例由 2001 年的 29% 提升到 2011 年的 37%,因特网的使用比列由 43% 提升到了 62%。美国拥有着全球最大的农产品期货交易所——芝加哥期货交易所。这里提供着农产品贸易中最权威的价格,交易双方可以从这里获取市场行情等信息,并通过期货市场规避价格风险,促进了农产品电子商务的发展。

(二)日本

日本的农业信息化服务虽然起步比较晚,但经过了 30 多年的发展,已成为连接政府、市场与生产者之间的桥梁,极大地提高了农业的劳动生产率和农产品的国际竞争力,使日本的农业在相对困难的自然条件下,获得了极高的劳动生产率,在日本的农业现代化中发挥了重要作用。

日本的农业市场信息服务主要由两个系统组成,一个是由"农产品中央批发市场联合会"主办的市场销售信息服务系统。日本现已实现了国内 82 个农产品中央批发市场和564个地区批发市场的销售数量及海关每天各种农产品的进出口通关量的实时联网发布,农产品生产者和销售商可以简单地从网上查出每天、每月、年度的各种农产品的精确到公斤的销售量。另一个是由"日本农协"自主统计发布的全国1800个"综合农业组合"组成的各种农产品的生产数量和价格行情预测系统。凭借着两个系统提供的精确的市场信息,每一个农户都对国内市场乃至世界市场什么好销、价格多少、每种农产品的生产数量了如指掌,并可以根据自己的实际能力确定和调整自己的生产品种及产量,使生产处于一种情况明确、高度有序的状态。

日本现在已将29个国立农业科研机构、381个地方农业研究机构及570个地方农业改良普及中心全部联网,271种主要农作物的栽培要点按品种、地区特点均可在网上得到详细的查询。其中,570个地方农业改良普及中心与农协或农户之间可以进行双向的网上咨询。早在20世纪90年代初日本就建立了农业技术信息服务全国联机网络,近几年又开发农业技术情报网络系统,借助公众电话网、专用通讯网、无线寻呼网,把大容量处理计算机和大型数据库系统、互联网网络系统、气象情报系统、温室无人管理系统、高效农业生产管理系统、个人计算机用户等联结起来。政府公务员、研究和推广公务员、农协和农户,可随时查询、利用入网的各种数据,这些数据有农业技术、文献摘要、市场信息、病虫害情况与预报、天气状况与预报、世界或本国或县甚至町村地图、电子报刊、音像节目、公用应用软件等。

而且,日本正在逐步完善农用物资及农产品销售的网上交易系统。日本对于电子交易在农业领域的应用十分重视。日本于1997年制定了"生鲜食品电子交易标准",建立了生产资料共同定货、发送、结算标准;并正在对各地的中央批发市场进行电子化交易改造。

(三)荷兰

荷兰是一个比较典型的人多地少、农业资源贫乏的欧洲小国,其人口密度比我国高出两倍,是欧洲人口密度最大的国家。荷兰全国有耕地与牧场199万千米^2,人均土地面积0.058公顷与我国基本相当。目前,荷兰有58%的土地用于农业,其中草场占31%,耕地占23.6%。荷兰年均降雨750毫米,全年光照时间只有1600小时(我国平均2600小时),光热条件不够理想。但是,令人惊叹的是,荷兰农业却取得了举世瞩目的成绩,尤其在畜牧业、花卉市场和农产品加工等领域,荷兰的农产品竞争力都位居世界前列。其农业净出口在全球仅次于农业大国美国和法国,列世界第三位。

荷兰农业的大发展很大程度上得益于其高度发达的农业科技。近年来,荷兰大幅度地削减了自己缺乏优势的土地密集型农业,强化了技术密集的农业,大大提高了土地产出率。首先,大力发展有效地节约土地的科学技术。在荷兰的花卉温室中,多数为无土栽培方式;推广一年多季生产技术。荷兰的蘑菇生产完全实行工厂化、机械化生产,由电子计算机控制温度和湿度,一年四季均可生产。荷兰的日光温室生产通过由微机控制的人工阳光,人工调温设施,人工配肥施肥等技术实行自动化生产。其次,为了节约能源,荷兰重视采用生物固氮,沼气生产,风力发电,煤的高效利用等技术。再次,荷兰在温室中特别重视生物防治技术的使用,从而降低了化学物质使用量。同时,荷兰也高度重视先进农业科技的推广应用。荷兰的农业推广体系由国家推广组织、农协组织、私人企业和农民合作社四方面的推广力量构成,在这个推广体系中,国家推广组织起主导作用,协调其他方面的力量。荷兰的农业技术推广费用采取四方面共担的方式。所以,在荷兰奶农每天都可以看到自己牛奶的销售收入;如由合作社代销,至少也能够在一周、一月里结算一次。鲜花更是每天都可以了解自己送往拍卖行的花卉能不能得到客商的认可和青睐,能够卖出怎样的价钱。奶农可以比较其邻居的生产和收入,从中感到差距、激发自己学习别人经验的积极性。在收奶站,奶农们可以经常沟通信息,改进饲养技术。奶牛业、花卉业对技术进步的需求,刺激了更多的发明和创新。

二、农业信息化发展的前沿技术

农业信息网络技术所涵盖的范围很广,但就其发展方向而言主要包括先进的农业传感技术、精细作业技术与智能装备、农业智能机器人技术、农业物联网技术与装备和农业信息服务技术等五大关键技术。

农业传感技术的发展是现代智慧农业和精准农业发展的前提和基础,根据检测对象不同可分为生命信息传感器技术和环境信息传感技术。生命信息传感技术是指对动、植物生长过程中的生理信息、生长信息以及病虫害信息等进行检测的技术,如检测植物中的氮元素含量、植物生理信息指标、农药化肥等化学成分在植物上的残留现象等。环境信息传感技术主要是对关系动、植物生长的水、气等环境因素行传感检测的技术。目前环境信息的检测重点集中在作物土壤环境检测和动物饲养环境气体检测环节。现有的生物、环境信息检测技术,大都基于检测对象的静态属性,不能用于实时、动态、连续的信息感知传感与监测,不能适用于现在农业信息技术的实时动态无线传输和后续综合应用系统平台的开发。

精细作业技术与智能装备是指将现代电子信息技术、作物栽培管理决策支持技术和农业工程装备技术等集成组装起来,用于精细农业生产经营。其主要目标是更好地利用耕地资源潜力,科学投入,提高产量,降低生产成本,减少农业活动带来的环境后果,实现作物生产系统的可持续发展。从精细农业的未来发展来看,能够实现农田信息快速获取的机载田间信息采集技术、保证农机具实现精细作业的精细作业导航与控制技术、实现变量作业的决策模型与处方生成技术以及智能化的精细实施技术装备,是精细作业技术与智能装备领域研究的主要方面。

农业机器人现已应用于种植业、养殖业、农产品加工等多个领域,现在对农业机器人的研究主要集中在机器人规划导航技术领域,其包括两大部分的内容,一部分是农业机器人地面移动平台的导航与控制技术,另一部分是农业机器人作业机构的动作规划技术。

农业物联网是贯穿于农业的生产、加工、流通等各个环节中的物联网体系。从技术角度来讲,农业物联网主要包括:传感器网络子系统、RFID 子系统、有/无线通信子系统、分析决策与控制子系统等;从服务形式来讲,农业物联网涉及农业生产技术咨询与培训 、农产品和生产资料交易平台、产品质量溯源等。

有关农业信息服务技术研究主要集中在农业遥感技术、农业专用软件系统、农村综合服务平台和农业移动服务信息终端等方面。

三、现代我国农业信息化发展面临的困难

尽管近年来我国政府非常关心农业信息化问题,然而我国农业信息化发展仍然面临着众多困难。

第一,我国农业生产条件和基础设施薄弱,信息化推广缺乏硬件基础,现代化程度弱,农民稳定增收依然困难。农村社会事业发展滞后,城乡经济发展失衡,农村劳动力向城市转移,从事农业生产的人员数量和质量逐年降低。

第二,农业基层从业人员科技素质和科技生产手段仍然落后。据统计,我国4.9亿农村劳动者中,高中以上文化程度仅占13%,接受系统农业职业技术教育的不足5%。而农业信息员队伍则人员不足、素质不高,信息资源开发程度低,服务形式单一、手段落后。信息化农业最终要靠有文化、懂技术、会经营的新型农民去进行农业生产实践,偏低的农民素质必然会成为农业信息化发展的瓶颈。

第三,农业科技研发能力和推广力度与国外相比还有所欠缺。目前我国重视农业信息化的发展,但农业信息化研发能力和推广力度仍然不足,需要不断增加现代农业科研专项,支持重大农业科技项目,加强国家基地、区域性农业科研

中心建设,继续增加农业科技成果转化和推广投入,引导农业科技成果进村入户。

四、我国农业信息化发展的具体措施

(1)重视和加强政府在农业信息化建设中的作用。农业信息化是一个涉及多部门、多学科的综合性系统工程,政府必须重视此项工作,并充分发挥其组织领导的作用,从国家立法、资金投入、政策扶持和管理协调等方面来促进农业信息的发展。

(2)加快农业信息网络等基础设施的建设。首先,加快农业信息网络基础设施的建设,我国信息网络起步晚,但发展较快,农业部"中国农业信息网"已有1 000多个地、县入网。中国农科院建立的"中国农业科技信息网"也已经初具规模。然而我国的基础网络设施还存在着参差不齐、设备低下、宽带不足、网速慢的弊端,因此,必须采用先进的信息网络技术,建立集多个农业信息网络于一身的高速、宽带的全国性农业信息广域网络。其次,充实农业信息资源数据库。目前我国已经建立了一大批农业信息资源数据库,但其数量和质量还不足以形成农业信息产业。今后在不断扩大现有数据库容量的同时,还要不断提高农业信息资源的质量,逐步建立大型综合性数据库和专业特色数据库。

(3)增强全民的信息意识,充分发挥民间在市场信息方面的作用。信息技术在当今世界农业中已相当普及,农民靠信息引进入市场,组织生产,政府靠信息进行宏观调控,制定农业政策,信息技术的发展已成为实现农业现代化的必要条件。但目前,我国广大农民、基层科技人员和政府部门的有关领信息意识仍然较淡薄,使原本就稀缺的信息资源得不到利用。因此要通过各种手段与媒体,宣传普及农业信息知识,提高全民的信息意识,和自觉利用信息、依靠信息的积极性,将稀缺的信息资源转化为现实的农业生产力。

(4)注重培养人才,促进农村计算机的普及与应用,确保农业信息进村入户。首先,为了促进计算机进入农户,有条件的地方,农户购买计算机,当地政府可以给予一定的补助。而且,计算机企业应该开发容易使用的操作系统,扩大计算机的使用范围。其次加快农业信息技术人才的培养。各农业院校可以建立农业信息专业,开设农业信息技术与管理课程,或者举办农业信息技术培训班,有条件的普通中学、职业中学也应开设计算机基础及农业信息检索课。再次,培训信息员。基层政府要培训乡镇、村信息部的信息员,每个乡镇应配备几名专职或兼职的信息员,从而促进农村计算机应用技术的普及,带动农民增效增收。

任务设计与实施

【任务设计】

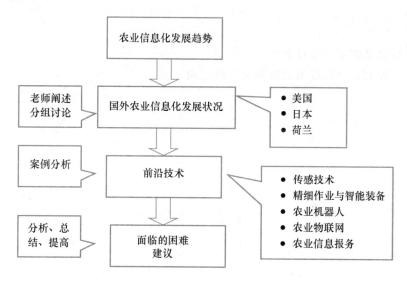

【任务实施】

1. 试对比我国与发达国家农业信息化应用水平的差异；

2. 试设想我国未来农业信息化水平高度发达时的农业生产状况；

3. 试想如何解决农业信息技术应用"最后一公里"的问题，如何快速提高农业从业者的信息应用能力。

【知识拓展】

何为"5S"技术。"5S"技术是遥感技术（Remote Sensing，RS）、地理信息系统（Geographical Information System，GIS）、全球定位系统（Global Position System，GPS）、专家系统（Expert System，ES）和农业模拟优化决策系统（Simulation Optimization Decision Making System，SODS）的统称。"5S"在功能上可以相互补充，不断完善。RS 在数据获取方面具有范围广、多时相、多波谱等特点，可以获取农田作物生长环境、生长状况和空间变异的大量时空变化信息；GPS 具有全球性、全天候、连续定时定位的优势，可以对采集的农田信息进行空间定位；GIS 则具有强大的空间与属性信息一体化处理能力，可以建立农田土地管理、自然条件、作物产量的空间分布等空间数据库；ES 通过大量的人为经验和专家知识对处理后的信息进行分析;SODS 则负责对分析后的结果做出各种辅助性决策并反馈给用户,进而用户就可以科学地进行农业生产活动。现代农业信息技术正在由"3S"技术逐渐向"5S"技术发展转变。

项目思考与练习:

1. 什么是国家 863 计划?
2. 试谈农业信息技术的研究和发展方向。

模块二 农业信息网络的常见设备及操作

项目一 初识农业信息网络设备

项目二 计算机操作基础

项目一 初识农业信息网络设备

【项目学习目标】

完成本项目各任务后,应该掌握以下内容:
1. 识别常见农业信息处理设备并了解其各自的功能特点;
2. 掌握评价计算机性能的主要参数指标;
3. 掌握管理计算机软件环境的方法。

【项目任务描述】

本项目分为了解常见信息处理设备和选购微型计算机与管理计算机软件环境三个任务。通过本项目任务的实践与练习,使学员初步了解常见的农业信息处理设备,熟悉微型计算机等设备的采购以及掌握管理计算机软件环境的方法。通过案例分析、社会调查等教学手段,增强学员掌握管理计算机软件环境、观察分析、调查研究与沟通协作的职业岗位能力。

任务一 了解常用信息处理设备

【任务目标】

通过市场走访等途径识别台式微型计算机、一体机、笔记本电脑、平板电脑、手机、路由器、GPS、打印机、照相机、摄像机等设备,并了解各自的功能特点,适用范围等。

【知识准备】

一、台式微型计算机与一体机

台式微型计算机,俗称"电脑",通常由显示器、主机、键盘、鼠标、音箱等构成。市场上多有品牌机与兼容机之分,是农业信息处理功能最强大、应用最普遍的工具之一(图 2-1-1)。

一体机:最早由苹果公司推出,近些年得到快速发展。它将主机部分、显示器、音箱等整合到一起,外观更加简洁(图 2-1-2)。

图 2-1-1　台式微型计算机

图 2-1-2　一体机

二、笔记本电脑

笔记本电脑(英文简称为 Note Book),又常称为手提或膝上电脑,是一种小型、可携带的个人电脑。其发展趋势是体积越来越小,重量越来越轻,而功能却越发强大(图 2-1-3)。

三、平板电脑

平板电脑(英文简称 Tablet PC、Tablet 等),是一种小型、方便携带的个人电脑,以触摸屏作为基本的输入设备,而不是传统的键盘和鼠标等(图 2-1-4)。

图 2-1-3　笔记本电脑

图 2-1-4　平板电脑

四、智能手机

智能手机,具备像电脑一样独立的操控系统,独立的运行空间,可以由用户自行安装软件、游戏、导航等第三方服务商提供的程序,并可以通过移动通信网络来实现无线网络接入的一类手机的总称(图 2-1-5)。

图 2-1-5 　智能手机

```
小词典
```
　　APP:是指智能手机的第三方应用程序。正是 APP 的广泛开发和使用,才使得手机成为当前人们生活和工作中使用最便捷应用最广泛的工具之一。

五、路由器

路由器是连接因特网与企业局域网或家庭网络的主要设备之一,尤其无线路由器近些年来为小型局域网用户所钟爱(图 2-1-6)。

六、打印机

打印机是将计算机处理的文字、数值、图形图像等信息结果输出到相关介质上的设备。如使用打印机将产品销售清单打印到纸张上。常见的有针式打印机、喷墨打印机、激光打印机等(图 2-1-7)。

图 2-1-6 　路由器

图 2-1-7 　打印机

七、GPS

GPS利用GPS定位卫星,在全球范围内实时进行定位、导航的系统,称为全球卫星定位系统。GPS可以提供物品、车辆定位、防盗、行驶路线监控及呼叫指挥等功能。要实现以上功能须具备GPS终端(图2-1-8)、传输网络和监控平台等要素。

图 2-1-8 **GPS 终端**

八、照相机与摄像机

照相机(图2-1-9)与摄像机(图2-1-10)是获取农业相关影像信息的主要设备。它可以将生产与经营中的情境完整真实的再现。

图 2-1-9 **照相机**　　　　　　图 2-1-10 **摄像机**

任务设计与实施

【任务设计】

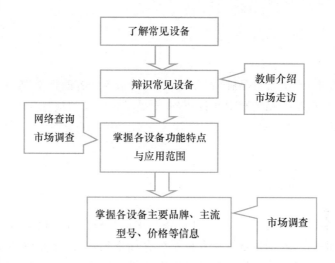

【任务实施】

1. 通过产品展示或市场走访等形式识别台式机、一体机、笔记本电脑、平板电脑、智能手机、GPS、路由器、打印机、照相机与摄像机等。

2. 小组讨论各个产品的功能特点与应用领域。

3. 说出各产品较知名的生产厂商及品牌特点和价格范围。

4. 小组成员合作完成表 2-1-1。

表 2-1-1　常见设备调查表

产品	主要厂商	当前热销产品	功能特点	价格
台式机				
一体机				
笔记本电脑				
平板电脑				
智能手机				
路由器				
打印机				
照相机				
摄像机				

任务二　选购微型计算机

【任务目标】

通过本任务,理解常见品牌微型计算机配置清单内容的含义,掌握电脑硬件组成、组装及选购电脑的相关知识和技巧,并根据具体需求和预算选配一台合适的微型计算机。

【知识准备】

一、计算机硬件组成

计算机硬件组成包括主机和外部设备。主机是整个计算机运行的核心,包含中央处理器和内存;外部设备是计算机系统存储数据,人机交互所必需的设备,包含外存、输入输出设备等。计算机硬件组成如图 2-1-11 所示。

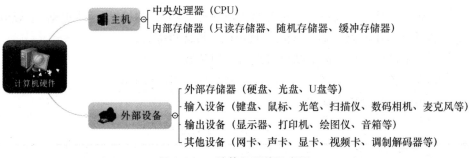

图 2-1-11　**计算机硬件组成图**

二、主板

主板是计算机系统中各大部件的载体,CPU、内存、显卡、声卡、网卡、硬盘等都与其连接,并为键盘、鼠标、显示器、打印机等设备提供了接口,其品质将影响到整个计算机的性能,如图 2-1-12 所示。

主板选购应考虑品牌、主板技术指标和做工三个因素。目前市场上知名主板品牌有华硕、技嘉和微星等;技术指标主要为使用平台、芯片组和主板布局等;好的主板线路板光滑,无毛刺感,接口焊点结实饱满,各标识清晰直观。

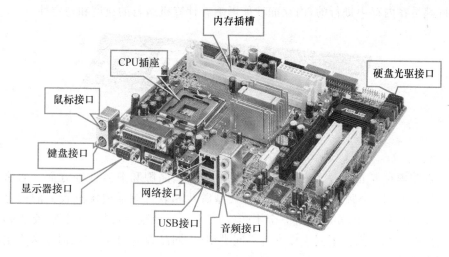

图 2-1-12　计算机主板

三、CPU

CPU 即中央处理器,是一块集成度非常高的芯片,它的功能主要是解释计算机指令以及处理计算机软件中的数据,是一台计算机的核心部件。

CPU 选购关键考虑主频、外频、前端总线频率、CPU 的位与字长、倍频、缓存、CPU 扩展指令集、CPU 内核和 I/O 工作电压等性能指标。知名生产厂商有 Intel(图 2-1-13)和 AMD。

图 2-1-13　**Intel 酷睿 i7-970 CPU 正面和背面接口**

> **小词典**
>
> 字节(Byte)与位(bit):字节是计算机数据大小的表示单位,二进制包含 0 和 1,都为 1 位,1 个字节相当于 8 个二进制位。如 64 位的 CPU 在单位时间内能够处理的字长为 64 位(8 字节)的二进制数。

四、内存

内存也被称为内存储器,由内存芯片、电路板、金手指等部分组成,是用于暂时存放 CPU 中的运算数据和硬盘等外部存储器交换的数据。计算机中所有程序的运行都是在内存中进行的,内存的性能影响着计算机运行的速度和稳定性。

图 2-1-14 金士顿 4 GB DDR3 内存

选购内存要充分考虑内存插槽的规格、容量、品牌和兼容性等方面。插槽有168、184 和 240 个触点;如果需要运行大型游戏和软件则需要配置较大的内存容量如 4 GB 或 8 GB;知名品牌有金士顿(图 2-1-14)、威刚、胜创和金邦等,金士顿为最大内存生产厂商。不同主板支持不同类型,不同品牌的内存,选购时要考虑主板是否支持该类型。

小链接

我们常说的智能手机内存卡,如 TF 卡指的不是内存,而是内部外存储器。比如一台手机具备 8 G 的数据存储空间,不少人将其描述为"8 G 内存",事实上,这种表述是错误的,因为所谓的"8 G 内存"是一个外存储器。不能将"内部的外存储器"简称为内存,因为内存是一个特定的概念,为内存储器的简称。

五、硬盘

硬盘是计算机中最主要的外部存储设备,保存着用户的操作系统、应用软件和各种数据。硬盘的性能指标主要包括容量、读写速度、缓冲区容量、数据传输率、连续无故障时间、噪声与温度等。

选购硬盘应注意其稳定性、选购高性能的产品。目前硬盘的主流接口为SATA2.0,容量在 500 GB,缓冲区容量在 8 MB 以上,读写速度在 7 200 r/min(转/分钟),如图 2-1-15 所示。生产硬盘的主要厂商有希捷、日立、西部数据等。为了方便携带,一些计算机厂商还推出了移动硬盘产品,多采用 USB 接口,如图2-1-16 所示。

图 2-1-15　希捷 1 000 GB 硬盘

图 2-1-16　西部数据移动硬盘

六、显卡

显卡是显示器与主机进行通信的接口,按结构形式分为集成显卡和独立显卡两大类。集成显卡是指集成到主板上的显卡,一般没有独立处理芯片,图形图像处理任务由 CPU 完成,使用内存作为显示缓存;独立显卡是指插到主板专用扩展插槽的独立板卡,有独立处理芯片和显存,如图 2-1-17 所示。

图 2-1-17　集成显卡和独立显卡

选购显卡应考虑用途、显存容量、显示芯片、显存位宽和品牌等参数。家用或办公电脑对显卡要求低可选购价格较低显卡,专业图形图像设计电脑应选择支持软件处理的高性能显卡。显存容量与位宽越大,显卡性能越好,市场常见的显存容量有 512 MB、1 GB、2 GB 等,显卡的主流品牌有 Intel、ATI、NVIDIA 等。

七、光驱

光驱是光盘驱动器的简称,存储介质为光盘,按种类可划分为 CD-ROM、DVD 光驱、刻录光驱、蓝光光驱和 HD-DVD 光驱等。

选购光驱主要看数据传输率、数据缓冲区、平均寻道时间和接口。目前市场上使用最多的是 DVD 刻录光驱,具备保存数据刻录 DVD 的功能,达到 48 倍速以上,常见品牌有华硕、明基和三星等,如图 2-1-18 所示。

八、显示器

显示器是计算机的主要输出设备,用于显示计算机中处理后的数据。根据成像原理,分为 CRT 显示器和 LCD 显示器。市场主流产品为 LCD 液晶显示器,具有体积小、耗电低、低辐射和画面柔和的特点,如图 2-1-19 所示。

图 2-1-18　华硕 DVD 刻录光驱　　　　图 2-1-19　三星 19 寸液晶显示器

选购液晶显示器时应考虑亮度与对比度、可视角度、响应时间、分辨率、数字接口和坏点数等。LCD 显示器一般亮度在 300 堪德拉/米^2(cd/m^2)以上,对比度 500:1 以上,19 英寸可视角度达 160 度。液晶显示器分辨率是屏幕图像的精密度,单位距离可显示像素越多画面越精细。19 寸宽屏液晶显示器(16:10)的最佳分辨率是 1 440×900,16:9 的最佳分辨率是 1 360×768。

九、键盘与鼠标

键盘和鼠标是计算机的输入设备,按连接方式可分为有线和无线两类。选购键盘应考虑键盘的功能、做工、手感、品牌和布局。使用时,按键没有松动,弹力适中,灵敏度高,没有卡键现象;选购鼠标从手感、外形、品牌等方面考虑。常见键盘鼠标品牌有罗技、微软和双飞燕等,如图 2-1-20 所示。

图 2-1-20　罗技无线键盘鼠标

十、机箱、电源

机箱主要用于固定电源、主板、硬盘和板卡等设备,电源为电脑所有部件供电,外形如图 2-1-21 所示。选购机箱从散热性能、外观、制作材料、品牌及附加功能等方面考虑。电源选购应从功率、版本、认证标志、品牌、做工和效率等方面考虑。一般家用电脑选购输出功率为 300～350 W,ATX12V 2.3 标准的电源。常见品牌有航嘉、长城、大水牛和金河田等。

图 2-1-21　机箱和电源

小词典

DIY:是 DO It Yourself 的简称,中文意思为"自己动手做",一般指个人组装一台计算机。

任务设计与实施

【任务设计】

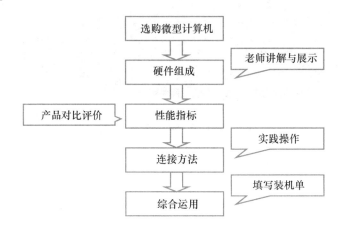

【任务实施】

1. 面对一台完整的计算机,说出各组成部分的名称,拆开主机箱找出与主板连接的各个配件说出其名称,能识别主板常用接口。

2. 小组讨论电脑组成中各个配件的功能特点。

3. 小组成员合作完成对计算机各部件的连接与安装。

4. 计划选购一台兼容机,预算要求在 4 000 元以内,适用于网上信息浏览、办公、音视频播放、图形图像简单处理等一般应用。分小组合作完成市场调查、配件性能与价格对比分析,并填写以下装机单(表 2-1-2)。

表 2-1-2 电脑装机配置清单

产品名称	型号规格	单价	质保期
CPU			
主板			
内存			
硬盘			
光驱			
显卡			
机箱电源			

续表2-1-2

产品名称	型号规格	单价	质保期
CPU 风扇			
键盘鼠标			
液晶显示器			
音箱			
其他			
总价：			
提供商姓名：		联系方式：	
联系地址：			

年　　月　　日

任务三　管理计算机软件环境

【任务目标】

掌握计算机软件安装、卸载及系统管理的一般知识。

【知识准备】

如果说硬件是计算机的躯体，那么软件就是计算机的灵魂。计算机软件分为系统软件与应用软件，用于控制电脑的运行。

一、系统软件

系统软件控制和协调计算机运行、管理和维护，包括操作系统、语言处理程序和数据库管理系统三个部分。目前流行的操作系统主要有 Windows、Windows Phone、Android、Linux 和 Mac OS X、z/OS 等，家用计算机一般常用 Windows 7 和 Windows 8 操作系统。如图 2-1-22 所示为 Windows 7 系统图标及操作界面。

二、应用软件

应用软件是为满足用户不同领域、不同问题的应用需求而设计提供的软件,分为通用软件和专用软件。如办公软件、图形图像处理软件、阅读器、输入法、杀毒软件、即时通讯软件、下载软件等。一般在软件名称后加上版本信息,如 Office 2012、QQ 6.9 等。如图 2-1-23 所示为金山毒霸软件运行界面。

图 2-1-22　**Windows 7 系统桌面**

图 2-1-23　**金山毒霸杀毒软件界面**

任务设计与实施

【任务设计】

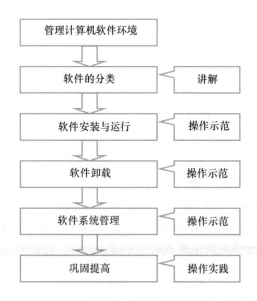

【操作引领】

一、软件安装准备

软件安装前需要准备好软件安装包文件，一般可通过软件光盘或网络下载，文件类型通常为 .exe 可执行程序。下面我们一起来下载并安装阿里旺旺通信软件，首先登录淘宝网下载阿里旺旺软件到本地电脑内。

步骤 1　在浏览器地址栏内键入 http：//www.taobao.com，登录淘宝网如图2-1-24，打开阿里旺旺下载链接。

图 2-1-24　淘宝网主页

步骤 2　点击链接下载阿里旺旺 2014 版，如图 2-1-25 所示。
步骤 3　下载完成后打开本地文件夹，如图 2-1-26 所示。

图 2-1-25　旺旺下载页　　　　　　　图 2-1-26　下载后文件

二、安装软件

双击运行安装包源文件 AliIM2014_taobao(8.00.40C).exe,在如图 2-1-27 中
选择"已阅读并同意阿里巴巴软件许可协议",点击自定义安装按钮。

图 2-1-27   同意软件安装意协议

进入图 2-1-28 安装界面设定软件安装位置,当然也可保留默认位置,点击立
即安装按钮。经过图 2-1-29、图 2-1-30 界面后,即完成旺旺软件的安装操作。

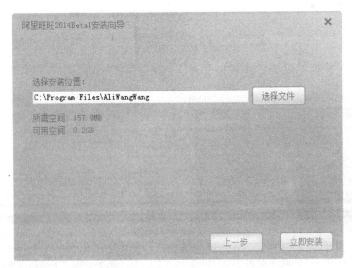

图 2-1-28   选择安装路径

 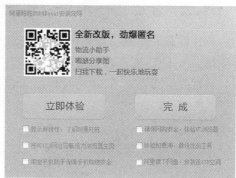

图 2-1-29　等待安装进度　　　　图 2-1-30　完成安装

三、软件运行

软件运行,需找到安装成功后的软件快捷图标,双击即可运行,注册账号后即可登录使用。

双击桌面阿里旺旺图标运行软件,如图 2-1-31。

图 2-1-31　桌面应用程序图标

阿里旺旺软件运行,显示如图 2-1-32 界面。接下来经账号注册就可以使用该软件了。

四、软件卸载

软件卸载又称为反安装,是指当我们不再需要某软件时将其从计算机硬盘内移除出去的工作,要注意的是卸载不同于简单的删除操作,需执行软件的反安装程序。通常可以在系统桌面开始程序菜单内找到卸载快捷图标,点击执行,如图2-1-33 所示。

图 2-1-32　阿里旺旺软件界面

图 2-1-33　运行卸载程序

按照卸载向导提示,一步步完成软件的卸载,如图 2-1-34 至图 2-1-36。

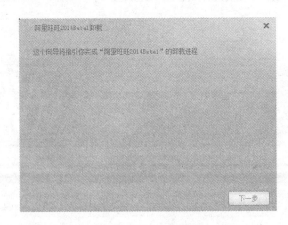

图 2-1-34　卸载向导

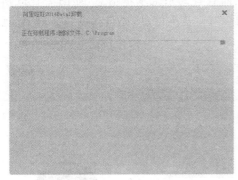

图 2-1-35　卸载进度　　　　　　　　　图 2-1-36　完成软件的卸载

五、系统管理

软件系统的管理,可以打开控制面板下的程序和功能窗口,对右侧窗口列表内程序可查看其名称、发布者、安装时间、大小、版本等信息,单击右键选择"卸载/更改(U)"即可完成卸载,如图 2-1-37 所示。

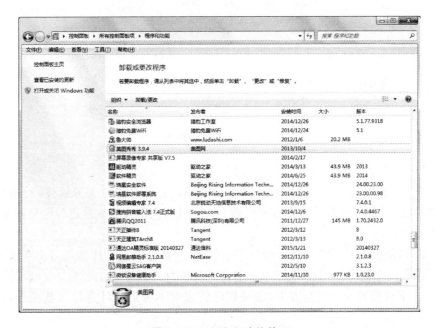

图 2-1-37　程序和功能管理

　　打开控制面板下的系统窗口,可以全面查看到系统基本信息,如图 2-1-38 所示,包含有系统版本、制造商、型号、处理器、内存基本信息,还包含设备管理器、远程设置、系统保护和高级系统设置等功能。

图 2-1-38　系统管理

【任务实施】

　　1. 访问 http://www.ludashi.com 网站,下载并安装鲁大师软件,对本机进行硬件检测,并将检测结果导出到电脑上。尝试利用鲁大师软件进行电脑优化,如图 2-1-39。

　　2. 网络搜索并下载安装金山打字通软件,为熟悉键盘操作和练习文字录入等基本操作技能做准备,金山打字通软件界面如图 2-1-40 所示。

　　3. 下载安装 360 安全卫士,通过软件管家对不常用软件进行卸载操作,如图 2-1-41。

　　4. 分别在计算机和智能手机上下载安装 QQ 客户端软件。

图 2-1-39 鲁大师软件界面

图 2-1-40 金山打字通软件界面

图 2-1-41　　360 软件管家界面

【知识拓展】

在智能手机中安装应用。新购买的手机往往厂家仅预装了基本功能应用,为使手机更适合自己的生活工作习惯我们需要为智能手机添加更多的应用。在添加新的应用前,要清楚自己的手机使用的是什么系统,最常用的有 Android 系统以及苹果公司为 iPhone 量身定做的 IOS 系统,不同系统下的应用不可互用。在智能手机上安装应用过程非常简单,首先打开手机上的应用商店,浏览或搜索到需要的应用,点击安装即可。

小提示

虽然名为应用商店,但安装过程是不会产生费用的。

项目思考与练习：

1. 说出电脑、手机中常使用的系统软件。
2. 写出一台电脑应有的硬件组成。
3. 试分别在电脑和智能手机中安装搜狗输入法。
4. 如何对电脑和智能手机进行系统优化。

项目二　计算机操作基础

【项目学习目标】

完成本项目各任务后,应该掌握以下内容:

1. 熟练掌握键盘与鼠标的使用方法与技巧;

2. 快速准确地输入中、英文字符;

3. 熟练掌握文件的组织与管理;

4. 能够对 Windows 7 系统进行个性化设置;

5. 学会使用杀毒软件、系统维护软件、备份软件等进行系统维护和安全管理。

【项目任务描述】

本项目分为熟练使用键盘与鼠标、文件管理、设置个性化环境和设备维护与数据安全四个任务。通过本项目任务的实践与练习,使学员熟练掌握键盘与鼠标的使用方法与技巧、文件的组织与管理、个性化设置与使用杀毒软件、系统维护软件、备份软件等进行系统维护和安全管理的方法,通过案例分析、社会调查等教学手段,增强学员掌握管理计算机使用方法与技巧、观察分析、调查研究与沟通协作的职业岗位能力。

任务一 熟练使用键盘与鼠标

【任务目标】

　　键盘和鼠标是最常用也是最主要的输入设备。通过完成本任务,能够通过键盘将字母、汉字、数字、标点符号等输入到计算机中,从而向计算机发出命令、输入数据等;鼠标的熟练操作可以使计算机的操作更加简便。

【知识准备】

一、键盘

　　键盘是最常用也是最主要的输入设备,通过键盘可以将英文字母、数字、标点符号等输入到计算机中,从而向计算机发出命令、输入数据等。下面我们就来认识键盘,了解常用按键的功能,学习键盘指法。

(一)认识键盘分区

标准键盘分区如图 2-2-1 所示。

图 2-2-1　键盘及分区

　　(1)功能键区:主要用于完成一些特殊的任务和工作。

　　(2)主键盘区:该区是整个键盘的主要组成部分,用于输入各种字符和命令,在这个键区中包括字符键和控制键两大类。字符键主要包括英文字母键、数字键和标点符号键；控制键主要用于辅助执行某些特定操作。

（3）编辑控制区：位于主键盘区和小键盘区的中间，用于光标定位和编辑等操作。

（4）键盘指示灯：在键盘的右上方有 3 个指示灯，用来提示键盘的工作状态，分别是【Num Lock】、【Caps Lock】、【Scroll Lock】。其中【Num Lock】和【Caps Lock】分别表示数字键盘的锁定与大写锁定，【Scroll Lock】很少使用。

（5）小键盘区：数字小键盘区在键盘右部，主要便于操作者单手输入数据。

（二）常用按键功能

键盘上每个按键都有各自的功能和作用，常用键及功能如表 2-2-1 所示。

表 2-2-1　常用键及功能

键区	按键名称	中文名	功能
功能键区	【Esc】	取消键	放弃当前操作
	【F1】-【F12】	功能键	扩展键盘的输入控制功能。各功能键的作用在不同的软件中通常有不同的定义。如"F1"常被设计成帮助键
主键盘区	【Tab】	跳格键	制表时用于快速移动光标，按一次移动 1 个制表位
	【Caps Lock】	大写锁定键	控制大小写字母的输入。大写锁定指示灯亮起时输入的是大写英文字母。大写锁定指示灯熄灭时输入的是小写英文字母
	【Shift】	上档键	用于大小写转换以及上档符号的输入。操作时，先按住上档键，再击其他键，输入该键的上档符号；不按上档键，直接击该键，则输入键面下方的符号。若先按住上档键，再击字母键，可使字母的大小写转换
	【Ctrl】	控制键	此键不能单独使用，与其他键配合使用可产生一些特定的功能。比如在 Win7 中，按下组合键 Ctrl＋Shift＋Esc 将打开"Windows 任务管理器"窗口
	【Alt】	转换键	该键不能单独使用，用来与其他键配合产生一些特定功能。例如 Win7 中 Alt＋F4 组合键的功能是关闭当前程序窗口
	【Backspace】	回退键	删除光标左侧的一个字符
	【Enter】	回车键	用于执行当前输入的命令
	【Space】	空格键	输入一个空白字符，光标向右移动一格
	（图）	"Win" 键	和其他一些键组合达到一些快捷的效果，如 Win＋R 可以打开"运行"

续表2-2-1

键区	按键名称	中文名	功能
编辑控制区	【Print Screen】	拷屏键	复制当前屏幕内容到剪贴板。与 Alt 键组合使用,是截取当前窗口的图像而不是整个屏幕
	【Insert】	插入键	用做插入/改写状态的切换,系统默认为插入状态
	【Delete】	删除键	删除当前光标所在位置的字符
	【Home】	原位键	快速移动光标至当前编辑行的行首
	【End】	结尾键	快速移动光标至当前编辑行的行尾
	【Page Up】	上翻页键	光标快速上移一页
	【Page Down】	下翻页键	光标快速下移一页
	【←】【→】【↑】【→】	光标键	移动光标
小键盘区	【Num Lock】	数字锁定键	此键用来控制数字键区的数字/光标控制键的状态。锁定状态(锁定指示灯亮起)数字键区输入数字;非锁定状态(锁定指示灯熄灭),数字键区作为编辑控制区使用

(三)操作键盘的正确姿势

操作计算机进行文字输入时,就像在纸上书写文字一样,若姿势不正确,不但会感到疲劳,而且容易出错和难以提高击键速度。

(1)将计算机键盘与机桌前沿对齐。人坐端正,腰挺直,胸部与键盘距离为20厘米,头稍低,身体略向前倾斜。

(2)双脚自然地踏在地面上,两膝平行,下膝与腿部成直角,脚尖不可向上。

(3)打字前,将两手的手指指头轻放在字母键正中的键盘盘面上,不可用力将手指按在键位上,两手的大拇指悬空放在空格键上,做好起始准备,此时手腕和手掌不触及键盘的任何部位。

(4)击键要有节奏,力度要适中,击完非基本键后,手指应立即回至基本键。初学时应特别重视落指的正确性,在正确的前提下,再求速度。

(5)待练习输入的稿件放在键盘左侧或前面,以便阅读。

二、鼠标

鼠标是视窗环境下操作的基本输入设备,可以使计算机的操作更加简便。

(一)认识鼠标

从微软推出视窗操作系统开始,鼠标已成为计算机的标准配置,发展到今天,无论从外形、功能都有很大的变化,不仅种类繁多,而且品牌丰富,主要以光电式鼠标为主,通常有两个按键,一个滚轮,如图 2-2-2 所示。

图 2-2-2 鼠标及按键

(二)鼠标的握法

手握鼠标的正确方法是:食指和中指自然放置在鼠标的左键和右键上,拇指横向放在鼠标左侧,无名指和小指放在鼠标的右侧,拇指与无名指及小指轻轻握住鼠标。

(三)鼠标的基本操作方法

(1)指向。将鼠标指针移到一个操作对象上的操作叫做指向操作,通常会激活对象或者显示该对象的有关提示信息。如图 2-2-3 所示,将鼠标指针指向"计算机",就会出现"显示连接此计算机的驱动器和硬件"的提示信息。

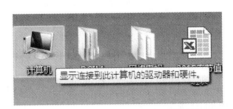

图 2-2-3 提示信息

(2)单击左键。简称单击,将鼠标指针指向操作对象,按下鼠标左键,然后立即放开。此操作通常用在选择一个对象或者执行一个命令。

(3)双击左键。简称双击,将鼠标指针指向要选择的对象,快速连击两次鼠标左键,可以用于运行一个程序或者打开一个窗口。例如,双击打开"Internet Explorer"等。

(4)单击右键。简称右击,将鼠标指针指向操作对象,单击鼠标右键,可以弹出一个快捷菜单,快捷菜单中列出的命令项是对该对象常用的一些操作。如图 2-2-4 是右击桌面时弹出的快捷菜单,图 2-2-5 所示为右击"计算机"这个图标所弹出的快捷菜单。

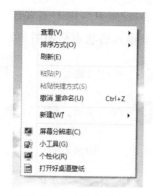
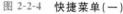

图 2-2-4 快捷菜单(一)   图 2-2-5 快捷菜单(二)

(5)拖拽操作。将鼠标移到要操作的对象上,按下鼠标左键不放并拖动到一个新的位置,然后放开鼠标左键。此操作通常用于将对象拖到一个新的位置。

(6)滚动。上下拨动鼠标中间的滚轮,可实现文档或网页的上下滚动,单击该键后可通过上下移动鼠标来实现滚动,再次单击还原。

三、中文输入法

在日常工作中,用户经常要用到记事本、写字板、WPS 和 Word 等编辑程序进行中文处理,其中最重要的就是中文输入。中文输入法根据汉字的编码分为区位输入法、拼音输入法和字型输入法,我们用得最多的就是拼音输入法和字型输入法。这里以拼音输入法为例来进行学习。

拼音输入法,是按照拼音规定来进行输入汉字的,不需要特殊记忆,符合人的思维习惯,只要会拼音就可以输入汉字。但拼音输入法也有缺点:一是同音字太多,重码率高,输入效率低;二是对用户的发音要求较高;三是难于处理不认识的生字。拼音输入法非常适合普通的电脑操作者,尤其是随着一批智能产品和优秀软件的相继问世,中文输入跨进了"以词输入为主导"的境界,重码选择已不再成为音码的主要障碍。常见的拼音输入法有全拼输入法、微软拼音输入法和搜狗拼音输入法等。下面我们重点介绍搜狗拼音输入法。

搜狗拼音输入法简单易学、快速灵活,受到用户的青睐。

(一)输入法的打开和切换

要输入中文首先要打开输入法,单击任务栏上的输入法图标,打开输入法菜单,选择所要用的输入法即可,如图 2-2-6 所示。也可用快捷键【Ctrl】+【空格】选用上一次使用过的中文输入法,用【Ctrl】+【Shift】在英文和各种输入法之间切换。

(二)输入法状态栏

选择搜狗拼音输入法后,屏幕上弹出的汉字输入法状态栏如图 2-2-7 所示。

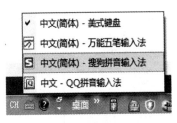

图 2-2-6　选择输入法

图 2-2-7　输入法状态栏

输入法状态栏包括下列内容:

自定义状态:点击后出现设置搜狗拼音输入法的对话框。

中/英文输入切换:在不关闭状态栏的情况下单击可进行中文与英文状态的转换,也可用快捷键【Shift】实现。

全/半角切换:半角指一个字符占一个字节的位置,全角一个字符占两个字节的位置,通常的英文字母、数字键、符号键都是半角的,汉字是全角的。单击该按钮可切换全角/半角状态,也可用【Shift】+【空格】进行切换。

中/英文标点切换:单击该按钮可切换中文标点符号,或者用【Ctrl】+【.】进行切换。

软键盘:软键盘也叫屏幕键盘,是通过软件模拟的方式在屏幕上显示键盘,可通过鼠标点击输入字符。单击可打开或关闭软键盘,右键单击可选择不同的软键盘,或者用【Ctrl】+【Shift】+【K】进行切换。

登录个人服务中心:可登录到个人服务中心。

打开皮肤盒子:点击可打开搜狗拼音的皮肤盒子进行皮肤的选择。

搜狗工具箱:点击可打开搜狗工具箱,进行属性设置等。

(三)汉字输入的一般操作

1. 单个汉字的输入

直接输入汉字编码,然后输入所需汉字前的数字,空格选取重码汉字中的第一个字,当输入的汉字的状态条中没有显示,并且因为编码重码较多,状态条中没有显示出其余重码汉字,可使用【+】向后翻页查找,【一】为向前翻页。如输入"国",可输入"guo"。

2. 多字输入

对于常见词组、成语、习惯用语、口语等可采用每一个字的第一位编码的组合以提高输入速度。如输入"社会主义",可输入"shzy"。

任务设计与实施

【任务设计】

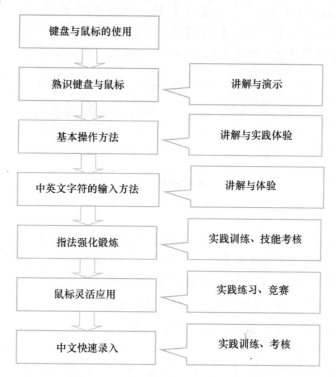

```
键盘与鼠标的使用
      ↓
熟识键盘与鼠标  ←  讲解与演示
      ↓
基本操作方法    ←  讲解与实践体验
      ↓
中英文字符的输入方法 ← 讲解与体验
      ↓
指法强化锻炼    ←  实践训练、技能考核
      ↓
鼠标灵活应用    ←  实践练习、竞赛
      ↓
中文快速录入    ←  实践训练、考核
```

【任务实施】

一、键盘操作指法

为了在计算机上准确、快速地录入各种数据,必须掌握正确的键盘操作指法。键盘操作指法将键盘上字符键区的各个键位合理地分配给双手各手指,使每个手指分工明确,有条不紊,如图 2-2-8 所示。

图 2-2-8 **键盘指法**

(一)基准键位

当处于打字准备状态时，双手放在【A】、【S】、【D】、【F】、【J】、【K】、【L】、【;】键上，这8个键称为基准键位。其中，【F】、【J】键称为定位键(键帽上有一小横杠)，其作用是将左右食指分别放在【F】和【J】键上，其余三指依次放下就能找到基准键位。基准键位的手指分工如图 2-2-9 所示。

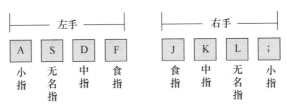

图 2-2-9　基准键与手指对应位置

(二)字母键指法分区

字母键指法分区如图 2-2-10 所示，将计算机键盘上最常用的 26 个字母和常用符号依据位置分配给除大拇指外的 8 个手指，敲击这些键时，总是使用指定的那个手指。时间一长会形成习惯，一看见字母，相应的手指就会动，不用看键盘就可正确地敲击到所需按键，这样最大可能地提高了输入速度。

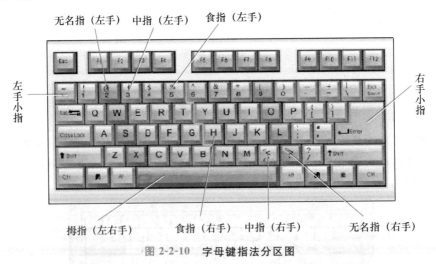

图 2-2-10　字母键指法分区图

(三)键盘操作的基本指法

键盘操作时上身要挺直，稍偏于键盘左方，两手自然放松，手腕及肘部要成一条直线,手指自然弯曲地放于基准键上,左右手的大拇指轻轻放在【空格】键上。眼睛看稿纸或显示屏幕,输入时手略抬起,只有需击键的手指可伸出击键,击键后手形恢复原状。在基准键以外击键后,要立刻返回基准键,以便下一次击键。

(四)指法训练

以下的操作可在"记事本"程序中进行,依次单击"开始"按钮→"程序"→"附件"→"记事本",即可进入"记事本"程序。

1. 基准键的练习

输入以下字符,反复练习击打基准键。

add add add add all all all all dad dad dad dad

ask ask ask ask sad sad sad sad fall fall fall fall

add all dad ask fall alas flask add ask lad sad fall

2.【I】、【E】键的练习

这两个键由左手中指和右手中指弹击,击键时,手指从基准键出发,击完后手指立即回到基准键位上。同时注意其他手指不要离开基准键,小拇指不要翘起。输入以下字符,反复练习击打【I】、【E】键。

fed fed fed fed eik eik eik eik lid lid lid lid

desk desk desk desk jade jade jade jade less less

said said said said leaf leaf leaf leaf fade fade

3.【G】、【H】键的练习

这两个键在 8 个基准键中央,由左手食指向右伸出一个键位的距离、右手食指向左伸出一个键位的距离击出,击完后手指立即回到基准键位。输入以下字符,反复练习击打【G】、【H】键。

gall gall gall gall fhss fhss fhss fhss fhgl fhgl

hasd hasd hasd hasd sgds sgds sgds sgds hkga hkga

glad glad glad glad half half half half shds shds

4.【R】、【T】、【U】、【Y】键的练习

这四个键由左手食指和右手食指弹击,开始速度不宜快,体会食指微偏左向前伸和微偏右向前伸所移动的距离和角度,击完后手指立即回到基准键位。输入以下字符,反复练习击打【R】、【T】、【U】、【Y】键。

gart gart gart gart fuss fuss fuss fuss furl furl

hard hard hard hard suds suds suds suds lurk lurk

rual rual rual rual adult adult adult adult altar

5.【W】、【Q】、【O】、【P】键的练习

这四个键由左手及右手的无名指、小拇指弹击,注意小拇指击键准确度差,应反复练习小拇指击键和回位的动作。输入以下字符,反复练习击打【W】、【Q】、【O】、【P】键。

ford ford ford ford blow blow blow blow spqg spqg

cout cout cout cout swle swle swle swle quest quest

ough ough ough ough toward toward toward toward

6.【V】、【B】、【M】、【N】键的练习

这四个键由左右手的食指弹击,注意体会食指移动的距离和角度,击完后手指立即回到基准键。输入以下字符,反复练习击打【V】、【B】、【M】、【N】键。

vest vest vest vest time time time time alms alms

verb verb verb verb mine mine mine mine value value

7.【C】、【X】、【Z】键的练习

用左手中指、无名指、小拇指分别弹击【C】、【X】、【Z】键,手指向手心方向微偏右屈伸,击完后手指立即回到基准键。输入以下字符,反复练习【C】、【X】、【Z】键的操作。

rich rich rich rich text text text text xrox xrox

quch quch quch quch xfar xfar xfar xfar zbet zbet

exec exec exec exec frenzy frenzy frenzy frenzy

8. 主键盘区数字键的练习

数字键离基准键较远,弹击时必须遵守以基准键为中心的原则,依靠左右手的敏锐度和准确的键位感,来衡量数字键与基本键的距离和方位。

弹击【1】键时,左手小拇指向上偏左移动,越过【Q】键;依照前一动作,用左手无名指弹击【2】键,用左手中指弹击【3】键。

弹击【4】键时,左手食指向上偏左移动,越过【R】键;弹击【5】键时,左手食指向上偏右移动。

弹击【6】键时,右手食指大幅度向左上方伸展;弹击【7】键时,右手食指向上偏左移动,越过【U】键。

弹击【8】键时,右手中指向上偏左移动,越过【I】键;依照前一动作,用右手无名指弹击【9】键,用右手小拇指弹击【0】键。

输入以下字符,反复练习击打数字键。

1234 3456 2398 9807 6436 12.4 3.56 87.9 34.9 5.78

a12 ab3 s2d 345 123 789 907 1ST 2Nd 3RD 4TH 5TH

JANUARY 15 1994 May 5 1994 BUS NO.6 ROOM 567

9. 常用键和符号键的练习

(1)【空格】键。【空格】键在键盘的最下方,它用大拇指控制。击键的方法是右手从基准键位垂直上抬 1～2 cm,大拇指横着向下击【空格】键,击键完毕立即缩回。

(2)【回车】键。【回车】键在键盘上用【Enter】来表示,它应该由右手的小拇指来控制。击键方法是抬右手,伸小拇指弹击回车键,击键完毕立即回到基准键位。

(3)【Shift】键。【Shift】键的作用是用于控制换档。在键盘上,如果一个键位上有两个字符,那么当需要输入上档字符时就必须先按住【Shift】键,再弹击上档字符所在的键。

【Shift】键是由小拇指控制的。为使操作起来方便,键盘的左右两端均设有一个【Shift】键。如果待输入的字符是由左手控制的,那么事先必须用右手的小拇指按住【Shift】键,再用左手的相应指头弹击上档字符键;如果待输入的字符是右手控制的字键,那么事先必须用左手的小拇指按住 Shift 键,再用右手的相应的指头弹击上档字符键。只有上档字符键完毕后左右手的指头才能缩回到基准键位上。

(4)符号键。键盘上还有其他一些字符,如“+”、“−”、“﹡”、“/”、“(”、“)”、“#”、“!”、“@”、“?”、“&”、“:”、“$”、“%”等。这些字符的输入也必须按照它们各自的指法分区,用相应的手指按规则输入。只要我们熟悉了字母和【Shift】的击键原则和方法,那么这些字符的输入是不难体会和掌握的。

二、鼠标的操作练习

(一)基本练习

具体的操作步骤为:

(1)移动鼠标。将鼠标指针指向桌面上的“计算机”图标。

(2)激活图标。用鼠标双击“计算机”图标,打开“计算机”窗口。

(3)选择一个图标。单击某个图标,可以选择该图标。

(4)选择连续多个图标。先单击第一个图标,按【Shift】键再单击最后一个图标可以选择连续多个图标。

(5)选择不相邻图标。先单击第一个图标,按住【Ctrl】键再单击其他的图标。

(二)游戏

选择“开始→所有程序→游戏→纸牌”或者选择“开始→所有程序→游戏→空当接龙”来打开纸牌或者空当接龙游戏。通过游戏的进行来练习鼠标的操作。如

图 2-2-11 所示。

图 2-2-11　纸牌游戏

三、输入法练习

使用搜狗拼音输入法输入汉字。

打开"记事本"程序，完成下面一段内容的录入，如图 2-2-12 所示。

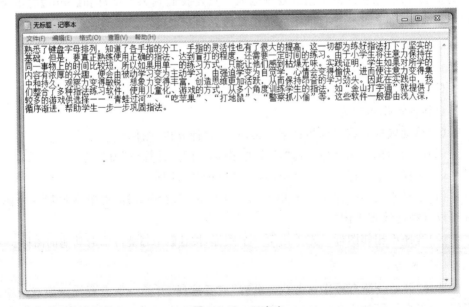

图 2-2-12　记事本

具体操作步骤为：

（1）打开"记事本"程序。选择"开始→所有程序→附件→记事本"菜单命令。

（2）选择"搜狗拼音输入法"。单击任务栏系统托盘中的输入法指示器，弹出"输入法"菜单，其中列出系统当前已安装的所有输入法。

（3）特殊字符输入，如【】→★ 等，可在软键盘找到。

（4）文字的输入。"搜狗拼音输入法"词汇输入能力非常强，比如，输入"应用程序"这个词可以直接输入它们拼音的第一个字母，即输入"yycx"就可以了。再如"计算机"这个词可以直接输入"jsj"即可。

任务二 文件管理

【任务目标】

通过资源管理器的学习，能够有效地管理计算机中的信息数据。包括对文件的创建、复制、移动、重命名、删除与恢复、文件搜索等的操作。

【知识准备】

一、文件

文件是存储在计算机硬盘、光盘等存储介质中的文字、图片、图形、声音等数据的集合。每个文件都有自己唯一和名字，操作系统从磁盘读取或存储数据时，以文件名称的不同来区分文件，并且以不同的类型的"图标"直观地表示文件的类型。

二、文件夹

文件夹是文件的容器，用来分类和管理文件。Windows 中系统默认的文件夹图标为金黄色。Windows 7 采用树状目录结构以文件夹的形式组织和管理文件。文件夹里可以建立子文件夹和存放文件，而子文件夹下还可以再建立子文件夹和存放文件。这种层次性很强的组织结构极像倒挂的树形结构，所以又称树型目录结构。

三、文件和文件夹的命名规则

文件名一般由文件名称和扩展名两部分组成，这两部分由一个点隔开。如"报告.txt"，"报告"是文件名称，".txt"是扩展名。此扩展名表示文件的类型是文本文件。

在 Windows 7 系统中,文件和文件夹的命名规则如下:

(1)文件和文件夹名不区分英文字母大小写,文件名中可以使用汉字。

(2)文件名最多可达 255 个字符(一个汉字相当两个字符)。

(3)文件或文件夹中不能出现以下字符:/\|:〈〉"? 和 *。

(4)文件一般都有 3 个字符组成的文件扩展名,用于表示文件的类型;而文件夹通常无扩展名。

(5)一个文件夹下不能有同名的文件或文件夹。

(6)" * "和"?"称为文件通配符。查找或显示文件名时可以使用通配符。前者代表从该位置开始任意一串字符,后者代表任意一个字符。

四、文件类型和图标

Windows 7 系统包含有许多文件类型,每种类型有相应的图标,表 2-2-3 是常用文件扩展名及图标。

表 2-2-3　常见的文件图标和扩展名

图标	扩展名	文件说明
	.exe 或.com	可执行文件
	.txt	文本文件
	.jpg	图像文件
	.mp3	MP3 音频文件
	.mp4	视频文件
	.docx	Word 文档
	.xlsx	Excel 电子表格文档
	.pptx	PowerPoint 电子幻灯片文档

续表2-2-3

图标	扩展名	文件说明
	.swf	FLASH 动画文件
	.rar	RAR 压缩文件
	.htm	网页文件

五、认识资源管理器

计算机中的所有文件都以文件夹形式进行组织。Windows 7 资源管理器用于管理各种类型的文件,它可以快速预览文件、文件夹及其树状结构,以及整个驱动器的内容,可直接运行程序,打开文档,管理驱动器及其他外部设备等资源,也可以对文件和文件夹创建、删除、复制、更名、查找等操作。

(一)资源管理器的启动

方法 1:用鼠标点击"开始",然后依次指向"所有程序"、"附件",单击"Windows 资源管理器"。

方法 2: 双击"我的电脑"打开或右击开始按钮打开。

以上方法都可以启动资源管理器,启动成功后出现如图 2-2-13 所示画面。

图 2-2-13　资源管理器窗口

(二)认识资源管理器窗口

资源管理器窗口分为左右两部分,分别称为左窗口和右窗口。资源管理器窗口由以下部分组成:

1. 左窗口

又称文件夹树窗口,显示磁盘中各层文件夹的结构。文件夹树的上方是根文件夹——桌面,向下展开有"收藏夹"、"库"、"家庭组"和"计算机"等图标。双击名称可展开显示下一层的内容。

再次双击可以折叠文件夹。

2. 右窗口

文件夹内容窗口,位于屏幕右边,显示当前选定对象包含的内容。除文件夹和驱动器的图标外,还有各种类型的文件图标,在文件夹窗口中,已打开的文件夹(当前文件夹)像一本翻开的书,其图标高亮显示。图 2-2-13 所展开的是"Windows"文件夹,右边窗口为文件夹内容区,展示的是当前文件夹"Windows"文件夹目录下的文件夹和文件内容。资源管理器窗口与其他窗口图形结构相似。

3. 菜单栏

提供了常见的菜单命令,在其下拉菜单中可对文件或文件夹进行操作。

4. 地址栏

单击地址栏文本框的下拉箭头,可以选择当前显示的内容。

(三)文件和文件夹的显示方式

1. 文件和文件夹的显示方式

图 2-2-14 所示文件内容是以图标方式显示文件或文件夹,在 Windows 7 中,为方便用户查找、整理和识别文件或文件夹。除了图标方式外,系统还为用户提供有内容、平铺、详细信息、列表等多种查看方式。方法:单击工具栏右侧的【更改您的视图】按钮,滑动控制杆查看图标放大及缩小的效果。如图 2-2-14 所示。

(1)"图标"查看方式是以图标的形式显示文件或文件夹,有"小图标"、"中等图标"、"大图标"、"超大图标"几种方式。

(2)"平铺"和"列表"两种查看方式则是按行和列的顺序放置文件或文件夹。

(3)"详细信息"查看方式是详细列出每一个文件或文件夹的具体信息,包括大小、修改日期和文件类型。

图 2-2-14　更改视图

2. 文件和文件夹的显示次序

在 Windows 7 系统中,不仅文件或文件夹有不同的显示方式供选择,还可以选择显示次序。打开"查看"菜单,单击"排列方式"命令,打开下拉菜单(图 2-2-15),可以看到对文件和文件夹有四种不同的显示次序:按名称、大小、类型和修改时间。

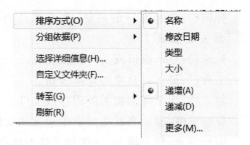

图 2-2-15　排序方式

(1)按名称。以英文字母为顺序来对文件进行排序,即从"A"到"Z"。

(2)按大小。按文件大小(所占用的存储空间)进行排序,从"小"到"大"。

(3)按类型。不同类型的文件以扩展名的英文字母为序。如某一类型的文件又有许多同类文件,则内部又按名称规则列出文件次序。

(4)按修改时间。以文件建立或修改的日期为序进行排列,从"现在"到"过去"。

六、认识窗口

在使用 Windows 7 操作系统时,无论是运行程序还是打开文件,都会打开窗口。双击桌面上"计算机"图标,弹出"计算机"窗口,如图 2-2-16 所示。

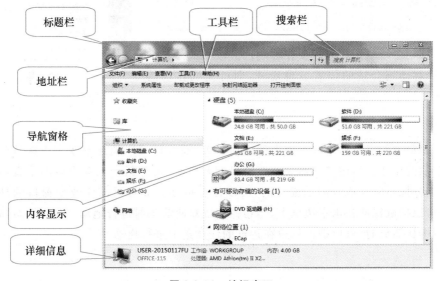

图 2-2-16　认识窗口

标题栏：显示窗口的名称，在右端还有三个控制按钮，最小化""、最大化""和关闭""。

地址栏：显示窗口或文件所在位置。

工具栏：显示对对象的操作按钮。

搜索栏：用于搜索相关的程序或文件。

导航窗格：显示当前文件夹中包含的文件夹列表。

内容显示：显示磁盘、文件和文件夹的信息。

详细信息：显示程序、文件及文件夹的详细信息。

七、窗口的基本操作

窗口操作在 Windows 7 系统中是很重要的，可以通过鼠标很简洁的完成各种窗口的操作。

(一)打开窗口

当需要打开一个窗口时，可以通过下面两种方式来实现：

(1)选中要打开的窗口图标，然后双击打开。

(2)在选中的图标上右击，在其快捷菜单中选择"打开"命令。如图 2-2-17 所示。

(二)移动窗口

移动窗口时用户只需要在标题栏上按下鼠标左键拖动，移动到合适的位置后再松开，即可完成移动的操作。

图 2-2-17　**打开窗口**

(三)缩放窗口

窗口不但可以移动到桌面上的任何位置，而且还可以随意改变大小将其调整到合适的尺寸。当用户只需要改变窗口的宽度时，可把鼠标放在窗口的垂直边框上，当鼠标指针变成双向的箭头时，可以任意拖动。如果只需要改变窗口的高度时，可以把鼠标放在水平边框上，当指针变成双向箭头时进行拖动。当需要对窗口进行等比缩放时，可以把鼠标放在边框的任意角上进行拖动。

(四)最大化、最小化窗口

当用户在对窗口进行操作的过程中，可以根据自己的需要，把窗口最小化、最大化等。

（1）最小化按钮▢：在暂时不需要对窗口操作时，可把它最小化以节省桌面空间，用户直接在标题栏上单击此按钮，窗口会以按钮的形式缩小到任务栏。

（2）最大化按钮▢：窗口最大化时铺满整个桌面，这时不能再移动或者是缩放窗口。用户在标题栏上单击此按钮即可使窗口最大化。

（3）还原按钮 ▢ ：当把窗口最大化后想恢复原来打开时的初始状态，单击此按钮即可实现对窗口的还原。

（五）切换窗口

当用户打开多个窗口时，可以在各个窗口之间进行切换。当窗口处于最小化状态时，用户在任务栏上选择所要操作窗口的按钮，然后单击即可完成切换。当窗口处于非最小化状态时，可以在所选窗口的任意位置单击，当标题栏的颜色变深时，表明完成对窗口的切换。

（六）清理窗口

在使用 Windows 7 的过程中，往往会同时打开多个使用的窗口，使桌面显得杂乱而影响用户的使用，就需要将暂时不用的窗口最小化只保留正在使用的窗口。如果一个一个窗口的最小化就会有些繁琐。

在 Windows 7 中提供了一种快捷的窗口最小化方式，用鼠标单击要保留的窗口标题栏，按住鼠标左右晃动，其他的所有窗口都会自动最小化，再次晃动，其他窗口会回复显示。

（七）关闭窗口

用户完成对窗口的操作后，在关闭窗口时有下面几种方式：

（1）直接在标题栏上单击"关闭"按钮▮✕▮ 。

（2）使用【Alt】+【F4】组合键。

（3）如果所要关闭的窗口处于最小化状态，可以在任务栏上选择该窗口的按钮，然后在右击弹出的快捷菜单中选择"关闭"命令。

用户在关闭窗口之前要保存所创建的文档或者所做的修改，如果忘记保存，当执行了"关闭"命令后，会弹出一个对话框，询问是否要保存所做的修改，选择"是"后保存关闭，选择"否"后不保存关闭，选择"取消"则不能关闭窗口，可以继续使用该窗口。

任务设计与实施

【任务设计】

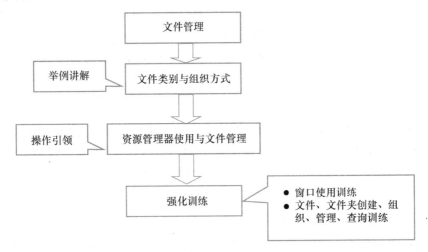

【任务实施】

一、打开、移动、缩放和关闭窗口

具体操作步骤为：

(1)打开"计算机"窗口。双击桌面"计算机"图标即可将其打开。

(2)移动"计算机"窗口。将鼠标指向"计算机"窗口标题栏，按下鼠标左键不放，将窗口拖曳到桌面中间位置，松开鼠标左键。

(3)调整窗口。将鼠标移动到"计算机"窗口的边或角，此时鼠标指针变成双箭头形状，拖动该边或角，可调整窗口达到所需要之大小。

(4)最大化窗口。单击"计算机"窗口标题栏右侧的"最大化"按钮，此时"计算机"窗口最大化，整个窗口撑满整个屏幕，同时"最大化"按钮也变成"还原"按钮。单击"还原"按钮，窗口就还原到最大化之前的状态。同时"还原"按钮又变成"最大化"按钮。

(5)最小化窗口。单击"计算机"窗口标题栏右侧的"最小化"按钮，这时"计算机"窗口缩小为任务栏上的按钮条，再单击任务栏上对应的按钮条，则"计算机"窗口有重新还原到最小化之前的状态。

(6)关闭窗口。单击"计算机"窗口标题栏右侧的"关闭"按钮，就将"计算机"窗口关闭。

二、创建文件或文件夹

在使用电脑的过程中,常常要将一些文件分类放在文件夹中,以方便以后的管理,此时就需要新建文件夹的操作。下面以在 D:盘下创建"技术资料"文件夹,并在该文件夹中建立一个名为"材料目录.txt"的文本文件为例进行说明。

具体操作步骤为:

(1)打开"资源管理器",在左窗口单击 D:盘盘符。

(2)在右窗口的工作区空白处,右击鼠标,在弹出的快捷菜单中依次单击"新建"→"文件夹",如图 2-2-18 所示。

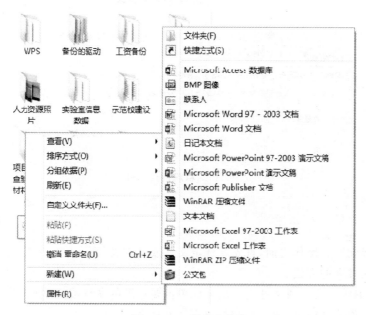

图 2-2-18　新建文件夹

(3)在文件夹名称的小编辑框里,输入"技术资料",在其他地方单击一下,可以看到已新建了名为"技术资料"的文件夹,如图 2-2-19 所示。

(4)双击"技术资料"图标,打开"技术资料"文件夹。

(5)在工作区空白处右击鼠标,在弹出的快捷菜单中选择"新建"→"文本文档",在小编辑框里,输入"材料目录.txt",在其他地方单击一下,可以看到已新建了名为"材料目录.txt"的文本文件,如图 2-2-20 所示。

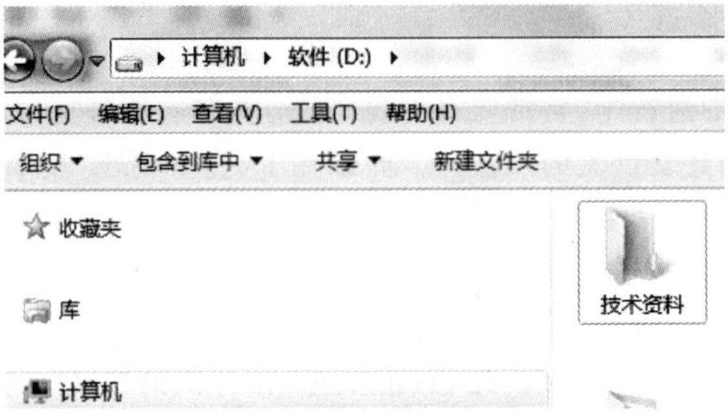

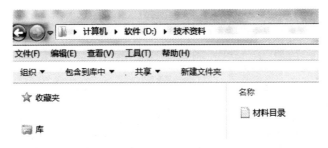

图 2-2-19　"技术资料"文件夹

图 2-2-20　**材料目录 . txt**

三、选择文件或文件夹

文件或文件夹操作之前,首先要选定文件或文件夹,Windows 7 提供了多种选定文件或文件夹的方法。

(1)选取单个文件或文件夹。用鼠标单击要选取的文件或文件夹,或用光标移动键选定文件或文件夹,选中的文件或文件夹将高亮显示。

(2)选择多个相邻的文件或文件夹。在"资源管理器"中找到要选定的一组文件或文件夹,可先单击第一个要选取的文件,按下【Shift】键不放,再单击选择的最后一个文件,则被选择文件将高亮显示,如图 2-2-21 所示。

(3)选择多个不相邻的文件或文件夹。先单击某一个文件,然后按下【Ctrl】键不放,再用鼠标单击各个需要选取的文件,如图 2-2-22 所示。

(4)选择全部文件或文件夹 在资源管理器的菜单栏上选择"编辑"→"全部选择"选项,或直接按【Ctrl】+【A】键,可选择全部文件或文件夹。

图 2-2-21 选择多个相邻的文件

图 2-2-22 选择多个不相邻的文件

四、复制文件或文件夹

复制是将原有的文件或文件夹进行克隆,使计算机中存有两份完全相同和文件或文件夹。下面介绍用不同的方法将"D:\备份的驱动"文件夹复制到"D:\技术资料"文件夹中的操作方法:

首先选定"D:\备份的驱动"文件夹,打开菜单栏中的"编辑"菜单。如图 2-2-23所示。单击"复制"命令;然后打开目标文件夹"D:\技术资料",再单击"编辑"菜单下的"粘贴"命令,完成复制的操作(图 2-2-24)。

图 2-2-23　编辑菜单

图 2-2-24　复制项目对话框

五、移动文件或文件夹

移动就是将文件或文件夹从一个地方移到另外一个地方,执行该操作后原来位置的文件或文件夹将被删除。下面将刚刚复制到"D:\技术资料"下的文件夹"备份的驱动"移动到"D:\"下的操作方法:

先选定文件夹"D:\技术资料\备份的驱动",打开菜单栏中的"编辑"菜单。则单击"剪切"命令;然后打开目标文件夹"E:\",再单击"编辑"菜单下的"粘贴"命令,完成移动的操作。

六、重命名文件或文件夹

文件或文件夹重命名是合理管理文件的有效手段之一,例如,用户要移动某个文件,在目标文件夹中存在一个同名文件并且以不能将它覆盖,此时用户可以先将文件重命名然后再进行移动的操作。下面是将文本文件"资料目录.txt"重命名为"计算机资料.txt"的操作步骤:

(1)选中要重命名的文件"资料目录.txt"。

(2)选择"文件"菜单下"重命名",或者在选中的文件或文件夹上单击鼠标右键,在出现的快捷菜单中选择"重命名"命令,此时可以看到选中的文件或文件夹的名字呈光亮显示。

(3)输入新的文件名"计算机资料.txt",按回车键完成操作。

> **提示**
>
> 如果文件正在使用,则系统不允许对文件进行重命名;一般情况下不要对系统文件或重要的安装文件进行重命名操作,以免系统运行不正常或程序被破坏。

七、删除/恢复文件或文件夹

1. 删除文件或文件夹

为了清除磁盘中不用的或无效的文件或文件夹,以节省空间,用户可以将不再使用的文件或文件夹进行删除。以下是将"D:\Ghost"文件夹删除具体操作方法:

(1)先选定拟删除的文件夹"Ghost",执行菜单栏中的"文件"菜单下的"删除"命令或者直接按键盘中的【Delete】键,也可以用鼠标右键单击需要删除的文件或文件夹,在出现的快捷菜单中选择"删除"命令。

(2)出现"确实要删除文件夹'Ghost'并将所有内容移入回收站吗?"的消息询

问框,如图 2-2-25 所示。如要删除,则按下"是"按钮。

图 2-2-25　确认文件夹删除对话框

2. 恢复被删除的文件或文件夹

在 Windows 7 系统中,这种删除只将文件或文件夹放入"回收站"中。如果打开桌面上的"回收站"图标,还可以将被放入到回收站中的项目可以被恢复到原来的位置。

恢复被删除的文件夹"Ghost"的具体操作步骤如下:

(1)在桌面上双击"回收站"图标,出现回收站窗口。

(2)单击选中想恢复的文件夹"Ghost"。

(3)在"回收站任务"区域单击"还原此项目"选项;或者选择"文件"菜单中的"还原"命令,如图 2-2-26 所示;或者单击鼠标右键选择快捷菜单"还原"命令(图 2-2-27),即可将选中的文件或文件夹恢复到原来的位置上。

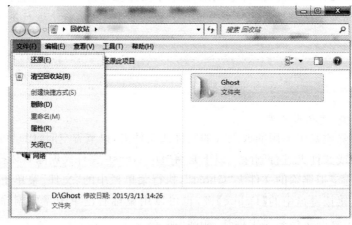

图 2-2-26　回收站中"文件"菜单

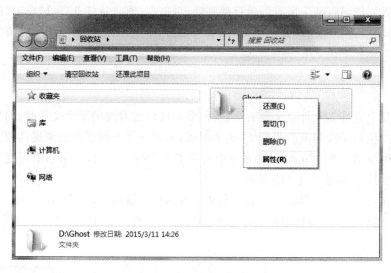

图 2-2-27　"还原"按钮

3. 永久删除文件或文件夹

为了释放回收站的空间便于回收站的管理,用户可以将一些确实无用的项目从回收站中删除,这些文件或文件夹将永久的被删除。

要将"Ghost"永久删除的具体操作步骤如下:

(1)在回收站中选中要永久删除的文件夹"Ghost"。

(2)选择"文件"菜单中的"删除"命令或直接按【Delete】键,或者单击鼠标右键选择快捷菜单中"删除"命令,出现"确认"对话框,如图 2-2-28 所示。

(3)单击"是"按钮。

图 2-2-28　**确认删除对话框**

如果要把回收站中所有的项目都删除,可以在"回收站任务"区域单击"清空回收站"选项或选择"文件"菜单中的"清空回收站"命令,则回收站中的所有项目均被删除。

八、搜索文件或文件夹

磁盘上有许多文件或文件夹,当我们要寻找以前看过的某个文件时,如果记不清楚它的位置了找起来会很麻烦,这个时候,采用适当的搜索办法来提高搜索效率是必不可少的。在 Windows 7 系统中自带了一个搜索功能,真正利用好这个功能对我们的搜索功能有很大的帮助。

(1)打开"计算机"窗口;在右上角窗口搜索框中输入"技术资料",

(2)在内容显示窗格中自动筛选出包含"技术资料"的文件和文件夹,如图 2-2-29 所示。

图 2-2-29　搜索窗口

在搜索时,如果关于文件的某些信息记得不是很清楚就可以利用通配符来进行模糊查找。"?"号代表任何单个字符,"＊"号可代表文件或文件夹名称中的一个或多个字符。例如要查找所有以字母"D"开头的文件,可以在查询内容中输入"D＊"。

任务三　设置个性化环境

【任务目标】

　　用户进入 Windows 7 后,系统会为用户提供一个默认的工作环境。用户可以根据通过控制面板对 Windows 7 系统进行显示属性、主题设置、打印机等设置。通过这些设置可以得到一个更加符合自己要求,提高工作和学习效率的工作环境。

【知识准备】

一、Windows 7 的主题

　　主题是一种修饰、美化操作系统的程序,简称主题包。它可以更改桌面背景、鼠标、图标、任务栏、文件夹背景,甚至是开机菜单,通过 Windows 7 的个性化窗口,可以定制一个与众不同的,具有个人特色的系统桌面。

　　Windows 7 主题更改方法:

　　方法 1:右键桌面空白处;在弹出的菜单中选择"个性化";打开之后单击各式主题就能见效果了。如图 2-2-30 所示。

图 2-2-30　**Windows7 主题**

方法 2：单击"开始"打开"开始菜单"；单击"控制面板"打开窗口；单击"外观和个性化"；单击"个性化"，即可打开 Windows 7 的个性化窗口，单击各式主题就能见效果了。

> **提示**
>
> Windows7普通家庭版不能更改主题，需要升级到旗舰版才可以使用主题包。

二、设置个性化的 Windows 7

（一）更改桌面背景

在图 2-2-30 中单击"桌面背景"，选中"场景"中的某一个或多个图片，在"图片位置"处选择合适方式（有"填充"、"适应"、"拉伸"、"平铺"、"居中"几种方式）和"更改图片时间间隔"后单击"保存修改"按钮。如图 2-2-31 所示。

图 2-2-31 **桌面背景设置**

（二）更改窗口颜色

在图 2-2-30 中单击"窗口颜色"，会出现"窗口颜色和外观"窗口，如图 2-2-32 所示。可在"项目"下拉框中选择项目，在"大小"、"颜色"中进行相关设置，然后点击"应用"或者"确定"按钮完成。

(三)更改桌面图标

在图 2-2-30 中单击"更改桌面图标",会弹出"桌面图标设置",可以设置"桌面图标"以及"更改图标"。如图 2-2-33 所示。选中"计算机"图标,单击"更改图标"按钮,在弹出的"更改图标"对话框中选中如图所示的图标,单击"确定"按钮完成。如图 2-2-34 所示。

图 2-2-32　**窗口颜色和外观**

图 2-2-33　**桌面图标设置**

(四)更改鼠标指针

在图 2-2-30 中单击"更改鼠标指针",出现"鼠标属性"对话框,有"鼠标键"、"指针"、"指针选项"、"滑轮"、"硬件"五个选项卡。可分别点击进行相关的设置修改。完成后点"确定"按钮。如图 2-2-35 所示。

图 2-2-34　**更改图标**

图 2-2-35　**鼠标属性**

(五)更改显示属性

1.更改显示属性

为使阅读屏幕上的内容更容易,在图 2-2-30 中点击"显示"或在"控制面板"中点击"显示",会出现"显示"窗口,在这个窗口中,通过选择其中一个选项,可以更改屏幕上的文本大小以及其他项。如图 2-2-36 所示。选定后点"应用"即可。

2.调整分辨率

在"显示属性"窗口中点击"调整分辨率",出现"屏幕分辨率"设置窗口,能够更改显示器的外观,可以对"显示器"、"分辨率"、"方向"进行设置,也可以点击"高级设置"作进一步的显示器参数设置。如图 2-2-37 所示。

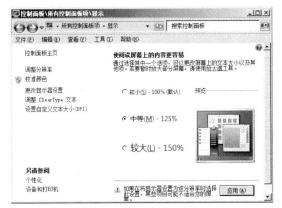

图 2-2-36　显示属性

图 2-2-37　屏幕分辨率

(六)设置安装打印机

具体操作步骤为:

(1)选择"控制面板",点击"设备和打印机",点击"添加打印机",系统弹出打印机安装向导,如图 2-2-38 所示。

> **提示**
>
> 如果是 USB 接口的打印机,则无需使用此向导,先运行打印机驱动安装程序,安装驱动程序安装,然后将打印机电缆插入计算机,然后打开打印机,Windows 会自动完成安装。

(2)选择"添加本地打印机",单击"下一步",出现"选择打印机端口",选择"使用现有的端口",如图 2-2-39 所示,然后单击"下一步"按钮。

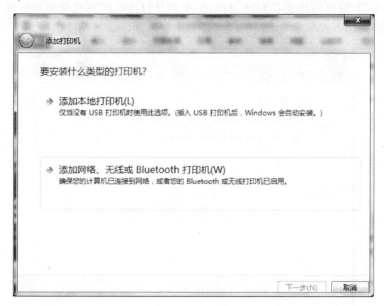

图 2-2-38　添加打印机向导对话框

图 2-2-39　选择打印机端口

(3)在"安装打印机驱动程序"对话框中选择打印机的制造商和型号或单击"从磁盘安装"按钮来提供驱动程序磁盘,如图 2-2-40 所示。

图 2-2-40 选择打印机制造商和型号对话框

(4)点击"下一步",在"打印机名称"文本框中输入打印机名称,如图 2-2-41 所示,并按"下一步"继续。

图 2-2-41 打印机名称

（5）通过选中"不共享该打印机"或"共享该打印机"单选按钮，来选择是否要共享该打印机，如图 2-2-42 所示。如果选中了"共享该打印机"单选按钮，则应提供一个打印机的共享名称。单击"下一步"继续。

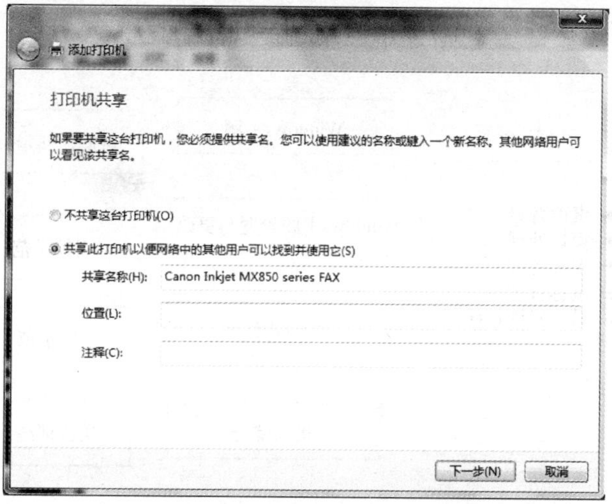

图 2-2-42　是否共享打印机对话框

（6）可以勾选"设置为默认打印机"，必要的话可以点击"打印测试页"来测试打印机是否能够成功打印。点击"完成"。如图 2-2-43 所示。

图 2-2-43　打印机设置完成

任务设计与实施

【任务设计】

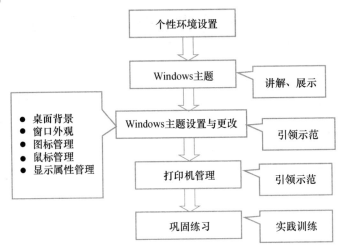

【任务实施】

1. 把计算机的桌面主题设置成"Windows 经典"主题。

2. 桌面背景设置成"纯色",窗口颜色选择为"浅蓝色",试将屏幕分辨率设置为"1280 * 768"。

3. 安装打印机驱动程序,并成功打印"测试页"。

任务四　设备维护与数据安全

【任务目标】

通过安装和使用杀毒软件,学会计算机病毒的防范与查杀;能够利用工具软件对计算机系统进行检测与维护;掌握系统和数据备份还原的一般操作知识。

【知识准备】

一、认识计算机病毒

计算机病毒指的是在计算机程序中插入的破坏计算机功能或者数据的一组计

算机指令或者程序代码。其影响计算机的使用并且能够自我复制,具有传播性、隐蔽性、感染性、潜伏性、可激发性、表现性或破坏性的特点。

计算机病毒的传播途径包括可移动存储设备、网络和硬盘等。常见的电脑病毒包含引导区病毒、文件型病毒、宏病毒、脚本病毒、网络蠕虫程序、木马程序和捆绑机病毒等。

一般感染计算机病毒后的征兆有:经常无故死机、随机地发生重新启动或无法正常启动、运行速度明显下降、内存空间变小、磁盘驱动器以及其他设备无缘无故地变成无效设备等现象;可执行文件(.exe)变得无法运行;打印异常、打印速度明显降低、不能打印、不能打印汉字与图形等或打印时出现乱码。自动链接到陌生的网站、不能正常上网等。

保护和预防措施:注意对系统文件、可执行文件和数据写保护;不使用来历不明的程序或数据;不轻易打开来历不明的电子邮件;使用新的计算机系统或软件时,先杀毒后使用;备份系统和参数,建立系统的应急计划等;安装使用杀毒软件和防火墙等技术。

二、安装和使用杀毒软件

金山毒霸是金山软件研制开发的高智能反病毒软件,在查杀病毒种类、查杀病毒速度和未知病毒防范等方面达到了世界先进水平,同时还具备有金山云查杀、实时电脑保护、隔离与恢复、浏览器保护、金山急救箱等功能。

1. 一键云查杀病毒

一键云查杀能够快速对电脑系统文件和系统安全进行扫描检测,并进行云鉴定,确保系统安全。首先运行金山毒霸杀毒软件,界面如图 2-2-44 所示。点击一键云查杀,进行病毒扫描(图 2-2-45)。

图 2-2-44 **金山毒霸主界面**

图 2-2-45 **病毒扫描**

2. 全盘查杀病毒

全盘查杀病毒是对电脑全部磁盘文件进行完整扫描,电脑系统中全部文件逐一过滤扫描,彻底清除非法侵入并驻留系统的全部病毒文件,耗费时间相对较长。可以主界面下点击一键查杀右侧的下拉列表框,选择全盘扫描完成,如图 2-2-46 所示。

3. 指定位置查杀

根据不同用户的需求,还可以自定义指定位置的病毒扫描,对发现的病毒可以立即予以清除处理。在主界面点击一键云查杀右侧的下拉列表框选择指定位置扫描。如图 2-2-46 所示。

图 2-2-46　全盘扫描

选择扫描路径并确定,如图 2-2-47、图 2-2-48 所示。

图 2-2-47　选择扫描路径　　　　图 2-2-48　指定位置病毒扫描

对于安装了金山毒霸杀毒软件的计算机,还可以在需要查杀的文件夹或文件单击右键选择"使用金山毒霸进行扫描",如图 2-2-49 所示。

图 2-2-49 右键快速进行病毒扫描

三、安装和使用系统维护软件

操作系统在长时间使用后,如使用浏览器浏览网页,观看在线影视剧等都会产生大量系统垃圾文件,占用系统磁盘空间,而随着使用软件增多,系统启动和运行会变慢。我们可以利用金山毒霸常用工具进行系统垃圾清理、开机加速、系统加速、隐私清理、系统盘瘦身等实用系统维护,告别电脑"卡慢",让电脑"飞"起来。

1. 清理系统垃圾

在金山毒霸主界面单击垃圾清理选项,结果如图 2-2-50 所示,点击"一键清理",如图 2-2-51,结果如图 2-2-52、图 2-2-53 所示。

图 2-2-50 金山毒霸垃圾清理

图 2-2-51　金山毒霸垃圾清理扫描

图 2-2-52　金山毒霸垃圾一键清理

图 2-2-53　完成清理

2. 电脑加速

点击主界面上的电脑加速选项,结果如图 2-2-54 所示。

3. 隐私清理

利用金山毒霸隐私清理工具可以清除本机容易泄露的个人敏感信息、网络购物痕迹、上网浏览历史、下载记录和软件使用记录等,较好的保护好个人隐私。选择辅助工具中的隐私清理图标,如图 2-2-55 所示。

图 2-2-54　电脑加速

图 2-2-55　隐私清理

运行界面如图 2-2-56 所示。在图 2-2-57 界中，点击一键清理，完成清理操作。

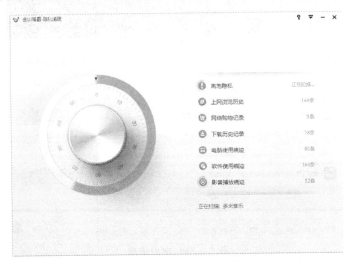

图 2-2-56　隐私清理扫描

图 2-2-57　一键清理

四、系统备份和还原

系统在使用过程中，不可避免地会出现设置故障或文件丢失，为防范这种情况，我们可以对重要的设置或文件进行备份，在遇到设置故障或文件丢失时，通过这些备份文件进行恢复。具体操作步骤如下：

1. 打开控制面板进入备份和还原（图 2-2-58）

图 2-2-58　控制面板备份和还原

2. 设置备份（图 2-2-59）

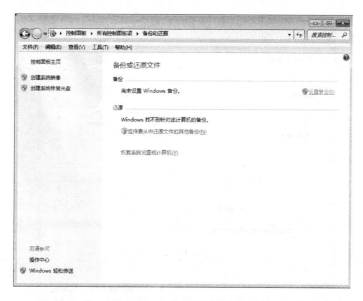

图 2-2-59　设置备份

3. 选择保存备份的位置(图 2-2-60)

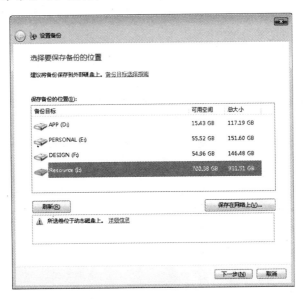

图 2-2-60　选择保存备份的位置

4. 保存设置并运行备份,如图 2-2-61、图 2-2-62 所示。

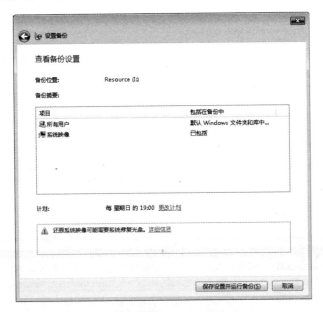

图 2-2-61　保存设置并运行备份

图 2-2-62 **备份进程**

　　系统备份完了之后,我们再进入到备份设置里面,在底部就可以看到有还原入口了,如图 2-2-63 所示。在还原选项右侧即可看到"还原我的文件",这就是 Win7 还原入口,只要是上次有备份,后期就可以在这里点击还原,当然前提是我们不能把之前的备份文件给删除掉,点击还原后,会提示你之后要重启电脑完成,按照提示操作即可成功还原到之前备份的状态。

图 2-2-63 **文件还原**

五、用户资料安全

　　在使用计算机过程中为保护用户数据资料不丢失,一般采用移动存储设备备份,如将重要数据文件刻录成光盘或复制保存到 U 盘内;还可以利用网络云盘进行备份,随时进行文件上传和下载。常用云盘有 360 云盘、百度云盘、腾讯微云等。下面以注册并使用 360 云盘为例进行文件备份,具体操作步骤如下:

(1)用浏览器打开 http:∥yunpan.360.cn 网址,点击注册 360 账号,如图 2-2-64 所示。

图 2-2-64　登陆 360 云盘网站并注册 360 账号

按页面提示完成邮箱、密码等表单的填写。如图 2-2-65 所示。

👤 欢迎注册360云盘

邮箱	nyxxwljc@126.com
密码	••••••••••
确认密码	••••••••••
验证码	mezx　　*mezx*　换一张

请输入图中的字母或数字,不区分大小写

☑我已经阅读并同意 《360用户服务条款》

立即注册

图 2-2-65　使用邮箱注册账号

　　点击"立即注册"后,在上图所填的邮箱中会收到一封用于激活360账号的电子邮件,点击邮件中的链接即可完成用户的注册和激活过程,如图2-2-66。重新回到360云盘首页,用刚申请的用户名和密码登录(图2-2-67),接下来就可以完成文件的上传和下载工作了。

图 2-2-66　　登陆邮箱激活账号

图 2-2-67　　登录 360 云盘

　　(2)点击"上传文件",添加所需上传到文件到窗口,确定上传如图2-2-68至图2-2-70所示。

　　(3)下载文件如图2-2-71所示。

　　360云盘注册成功后免费初始空间有360 GB,可以根据文件类型或个人需要进行目录和文件夹的管理,安装360云盘PC客户端操作更便捷。因数据保存在网络云服务器,不建议将涉及个人隐私等机密文件上传。

图 2-2-68   单击上传并浏览文件或文件夹

图 2-2-69   上传文件进度

图 2-2-70   完成上传备份

图 2-2-71　选中需下载的文件后单击下载

小词典

　　云盘是互联网存储工具,是互联网云技术的产物。它通过互联网为企业和个人提供信息的储存、读取、下载等服务,具有安全稳定、海量存储的特点。

任务设计与实施

【任务设计】

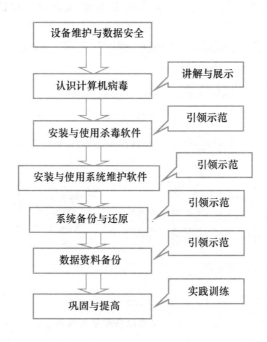

【任务实施】

1. 安装 360 杀毒软件,并对本机电脑进行全盘扫描杀毒。

2. 安装 360 安全卫士进行电脑全面体检并加快电脑开机速度。

3. 利用 Windows7 自带的系统备份还原功能,对 C 盘创建系统映像并进行备份。

【任务拓展】

一、输入法的安装、设置与删除

在中文版 Windows 7 系统已经安装了多种输入法,比如微软拼音输入法、智能 ABC 输入法等,但是仍有许多用户常使用的输入法,比如五笔字型输入法、搜狗拼音输入法等没有被安装,需要用户自己进行安装。

下面我们删除中文输入法中的 QQ 拼音输入法,将搜狗拼音输入法设为默认输入法,并安装全拼输入法。

具体操作步骤为:

(1)进入"文字服务和输入语言"对话框。右键单击任务栏系统托盘中的输入法指示器,单击"设置"选项,进入"文本服务和输入语言"对话框。如图 2-2-72 所示。

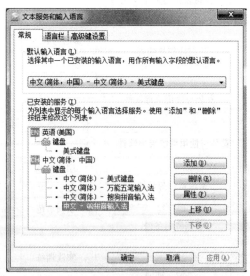

图 2-2-72　文本服务和输入语言

（2）删除"QQ 拼音输入法"。在"已安装的服务"列表框中单击选择"QQ 拼音输入法"，再单击"删除"按钮。

（3）设置默认输入法。在"文字服务和输入语言"对话框下的"默认输入语言"下拉列表框中选择"搜狗拼音输入法"，再点"应用"或"确定"命令按钮就设置好默认输入法。

（4）安装全拼输入法。在"文字服务和输入语言"对话框下单击"添加"命令按钮，进入"添加输入语言"对话框，在"输入语言"下拉列表框找到"中文（简体，中国）"选项，在"键盘"中选择"简体中文全拼"，单击"确定"按钮，如图 2-2-73 所示，就完成全拼输入法安装。

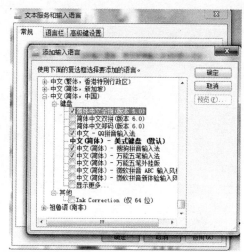

图 2-2-73　安装全拼输入法

提示

如果要安装不是系统自带的输入法，比如五笔输入法，则要先行运行输入法的安装程序才能够安装。

项目思考与练习：

1. 计算机在使用一段时间后常常会变得运行缓慢，试讨论在日常使用过程中应该遵守哪些操作规范，以保证计算机高效稳定的运行状态。

2. 计算机中的数据可以存放在本地硬盘、方便用户携带的 U 盘和网络"云盘"中，试分析三种存储方式的特点，对于重要的数据文件怎样存储更安全。

3. 网上存在大量的计算机系统维护软件，在下载和安装使用过程中应该注意哪些问题？

模块三　基础农业信息处理技术

项目一　农业信息处理

项目二　互联网络技术在农业生产中的应用

项目三　农业电子商务

项目一　农业信息处理

【项目学习目标】

通过本项目任务训练应掌握：

1. 文字编辑、排版、打印技术；

2. 数据计算、统计、分析技术；

3. 利用多媒体进行产品展示能力。

【项目任务描述】

本项目分为制作通知公告、建立农业生产档案、制作产品记录清单、农产品生产分析和制作农产品宣传画册五个任务。通过本项目任务对农业通知公告的制作、生产档案的建立、生产成本核算与销售分析、农产品电子宣传册的制作等几个典型任务的实施，使学生具备熟练使用计算机进行农业信息管理的能力，并增强学员观察分析、信息检索与沟通协作的职业岗位能力。

任务一　制作通知公告

【任务目标】

通过引领学生完成对全国农技中心所发布某通知的制作，使学生了解通知公告类文档的基本格式，掌握如何利用计算机软件完成文字的录入与编辑、文档格式美化、打印输出等技能。

【知识准备】

一、Office 2007 简介

Microsoft Office 2007 是 Microsoft 公司推出的新一代系列办公软件,与以往各版本的 Office 系列软件相比,Microsoft Office 2007 改善了人机交互界面的视觉效果,用功能区代替菜单、工具条,设计了新的图形工具、安全与隐私功能、因特网支持功能等。需要注意的是,Office 2007 版本与 2003 版本及以前版本不能完全兼容,在使用 2007 版本时需要对以什么版本保存做出选择,否则文档在不同版本的电脑上使用会受到影响。Word 2007 的界面介绍见表 3-1-1。

表 3-1-1　**Word 2007 的界面介绍**

编号	名称	功能及说明
1	Microsoft Office 按钮	主要以文件为操作对象,进行文件的新建、打开、保存等操作
2	快速访问工具栏	在该工具栏中集成了多个常用的按钮,例如"撤消"、"保存"等按钮
3	标题栏	显示当前所编辑的文档名称
4	"窗口操作"按钮	对文件最小化、最大化或关闭操作
5	选项卡标签	在标签中集成了 Word 的功能区
6	功能区	对应于相应的选项卡标签,收集了相应的命令按钮
7	"帮助"按钮	单击可打开 Word 帮助文件
8	编辑区	对文档进行编辑操作的区域
9	滚动条	拖动滚动条可以浏览文档的整个页面内容
10	状态栏	显示文档的当前状态信息,如页数、字数及输入法等信息
11	"视图"按钮	切换不同视图显示方式,对文档进行查看
12	显示比例	设置文档编辑区域的显示比例,可以通过拖动滑块来进行方便快捷的调整。

二、Office 2007 的工作界面

Office 2007 旗下软件均具有非常类似的工作界面,如 Word 2007 的工作界面由 Microsoft Office 按钮、快速访问工具栏、标题栏、"窗口操作"按钮、选项卡标签、功能区、"帮助"按钮编辑区、滚动条、状态栏、"视图"按钮、显示比例等组成,具体分布如图 3-1-1 所示。

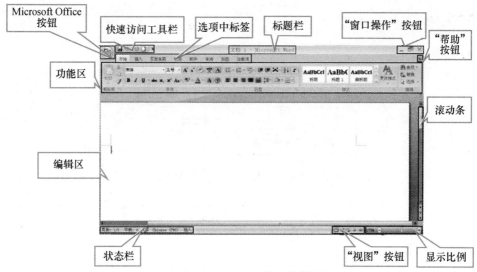

图 3-1-1　Word 2007 的工作界面

三、通知的特点

通知是一种常见的应用文体,通常通知就是使大家都知道某个事情的书面文字或电子邮件等形式的信息。农业主管部门、行业协会、合作社等机构常以通知或公告的形式发布信息。一般来说,通知分为标题、正文、署名、时间四个部分。

四、本任务将完成如图 3-1-2 所示通知文档的制作

全国农技中心关于印发 2015 年农作物重大病虫害防控技术方案的通知

农技植保〔2015〕10 号

各省、自治区、直辖市植保(植检、农技)站(局、中心),新疆生产建设兵团农业技术推广总站,黑龙江省农垦总局农业局:

为贯彻落实全国农业工作会议精神,切实做好 2015 年农作物重大病虫害防控工作,立足抗灾夺丰收,降低病虫害危害损失,我中心组织有关专家研究制定了 2015 年水稻、玉米、棉花重大病虫害以及蝗虫、草地螟、粘虫、番茄黄化曲叶病毒病、二点委夜蛾、马铃薯晚疫病和柑橘大实蝇防控技术方案。现将方案印发你们,请结合实际,因地制宜,切实落实各项防控技术措施,为确保今年我国农业生产安全做出积极贡献。

全国农技中心

2015 年 1 月 27 日

图 3-1-2　通知实例

任务设计与实施

【任务设计】

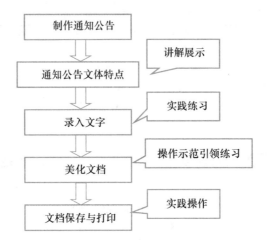

```
┌──────────────┐
│  制作通知公告  │
└──────────────┘
       │
       ▼
┌──────────────┐        ┌──────────┐
│ 通知公告文体特点 │───────│ 讲解展示  │
└──────────────┘        └──────────┘
       │
       ▼
┌──────────────┐        ┌──────────┐
│    录入文字    │───────│ 实践练习  │
└──────────────┘        └──────────┘
       │
       ▼
┌──────────────┐    ┌──────────────┐
│    美化文档    │───│ 操作示范引领练习 │
└──────────────┘    └──────────────┘
       │
       ▼
┌──────────────┐        ┌──────────┐
│  文档保存与打印 │───────│ 实践操作  │
└──────────────┘        └──────────┘
```

【任务实施】

一、启动 Word 2007

单击"开始"—"所有程序"—"Microsoft Office"—"Microsoft Office Word 2007",如图 3-1-3 所示。

图 3-1-3　启动 Word 2007

启动 Word 2007 的同时会自动生成一个名为"文档 1"的新文档。如图 3-1-4 所示。

图 3-1-4 "文档 1"窗口

在窗口的第一行第一列有一个光标在闪动,这时就可以录入文字了。

二、录入文字

文字录入的途径有很多种,最常用的是键盘输入。要通过键盘输入汉字,一般先在任务栏右下角选择输入法,再进行输入。如果输错了字,可按【空格】键(删除光标前的一个字符)或按【Delete】键(删除光标后的一个字符),按【Enter】键进行换行,录入完成后如图 3-1-5 所示。

> 全国农技中心关于印发 2015 年农作物重大病虫害防控技术方案的通知
>
> 农技植保[2015]10 号
>
> 各省、自治区、直辖市植保(植检、农技)站(局、中心),新疆生产建设兵团农业技术推广总站,黑龙江省农垦总局农业局;
>
> 为贯彻落实全国农业工作会议精神,切实做好 2015 年农作物重大病虫害防控工作,立足抗灾夺丰收,降低病虫害危害损失,我中心组织有关专家研究制定了 2015 年水稻、玉米、棉花重大病虫害以及蝗虫、草地螟、黏虫、番茄黄化曲叶病毒病、二点委夜蛾、马铃薯晚疫病和柑橘大实蝇防控技术方案。现将方案印发你们,请结合实际,因地制宜,切实落实各项防控技术措施,为确保今年我国农业生产安全做出积极贡献。
>
> 全国农技中心
>
> 2015 年 1 月 27 日

图 3-1-5 录入文字后的通知

小提示

在录入文字时,可通过键盘快速切换输入法。

【Ctrl】+【Shift】键:切换各种输入法;

【Ctrl】+【空格】键:切换中/英文输入法。

这时的文档看起来并不美观,也没有正式行文的格式,这就需要我们继续进行下面的操作。

三、美化文档

(一)页面设置

在制作通知时要考虑将来要用什么纸张进行打印,页边距是多少。可以在"页面布局"选项卡的"页面设置"组中选择相应的按钮进行设置,如图 3-1-6 所示。

图 3-1-6 "页面设置"组

1. 设置纸张大小

在"页面设置"组中选择纸张大小,会出现下拉列表,如图 3-1-7 所示,具体操作时常选择纸张大小为"A4"。

2. 设置页边距

Word 2007 中预设了普通、窄、适中、宽和镜像 5 种页边距样式。单击"页边距"按钮,在下拉列表中选择相应的样式即可。

如有需要还可以设置自定义页边距,在"页边距"下拉列表中单击"自定义页边距"选项,打开"页面设置"对话框,如图 3-1-8 所示。具体操作时可以设置页面上、下、左、右四个边的页边距为 2.5 厘米。

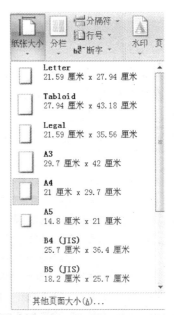

图 3-1-7 "纸张大小"列表

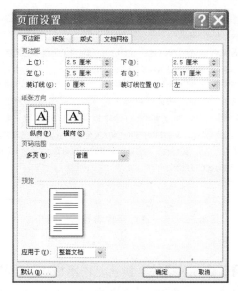

图 3-1-8　"页面设置"对话框

(二)字体格式的设置

　　字体格式的设置是对文字对象进行格式化,包括设置字体、字号、字形、文字的修饰、字间距、字符宽度和中文版式等。选定文本后在"开始"选项卡的"字体"组中选择相应的按钮,如图3-1-9所示,即可调整所选文本的效果。

图 3-1-9　"开始"选项卡的"字体"组

　　具体操作是:选定正文后在"开始"选项卡的"字体"组中选择"宋体"、"小四号";选定标题,字体设置为"加粗"(**B**);选定落款,字号设置为"五号"。进行字体设置后的通知为如图 3-1-10 所示的效果。

小技巧

　　文本的快速选定

1. 选定任意文本:光标从一端拖动至内容另一端。

2. 选定一行:移动光标至该行左侧变为◁时单击。

3. 选定一段:移动光标至该行左侧变为◁时双击。

4. 选定全篇:移动光标至该行左侧变为◁时三击;或按快捷键Ctrl+A。

全国农技中心关于印发 2015 年农作物重大病虫害防控技术方案的通知

农技植保[2015]10 号

各省、自治区、直辖市植保（植检、农技）站（局、中心），新疆生产建设兵团农业技术推广总站，黑龙江省农垦总局农业局：

为贯彻落实全国农业工作会议精神，切实做好 2015 年农作物重大病虫害防控工作，立足抗灾夺丰收，降低病虫害危害损失，我中心组织有关专家研究制定了 2015 年水稻、玉米、棉花重大病虫害以及蝗虫、草地螟、粘虫、番茄黄化曲叶病毒病、二点委夜蛾、马铃薯晚疫病和柑橘大实蝇防控技术方案。现将方案印发你们，请结合实际，因地制宜，切实落实各项防控技术措施，为确保今年我国农业生产安全做出积极贡献。

全国农技中心

2015 年 1 月 27 日

图 3-1-10　进行字体设置后的通知

（三）段落格式的设置

每当按下【Enter】键就可形成一个段落。段落格式的设置是指对整个段落的外观进行设置，包括对齐方式、缩进、段落间距等。段落的对齐有 5 种方式：左对齐、居中、右对齐、两端对齐和分散对齐。段落缩进是指文本段落在水平方向上相对于左、右页边距之间的缩进距离。段间距是指段落与段落之间的距离。行间距是指行与行之间的距离。切换到"开始"选项卡，单击"段落"组右下角的对话框启动器即可打开段落对话框，如图 3-1-11 所示，在该对话框中对段落进行设置。

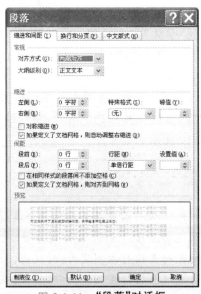

图 3-1-11　"段落"对话框

　　具体操作是:选定标题和文件号,在"段落"组的按钮中选择居中(☰);选定通知的正文,在段落对话框中特殊格式选择为首行缩进,磅值为 2 个字符;选定落款,在"段落"组的按钮中选择"右对齐(☰)";全选通知,在段落对话框中行距选择"1.5 倍行距";在落款前按【Enter】键空出两行,这时的通知就如图 3-1-12 所示。

全国农技中心关于印发 2015 年农作物重大病虫害防控技术方案的通知

农技植保[2015]10 号

　　各省、自治区、直辖市植保(植检、农技)站(局、中心),新疆生产建设兵团农业技术推广总站,黑龙江省农垦总局农业局;

　　为贯彻落实全国农业工作会议精神,切实做好 2015 年农作物重大病虫害防控工作,立足抗灾夺丰收,降低病虫害危害损失,我中心组织有关专家研究制定了 2015 年水稻、玉米、棉花重大病虫害以及蝗虫、草地螟、黏虫、番茄黄化曲叶病毒病、二点委夜蛾、马铃薯晚疫病和柑橘大实蝇防控技术方案。现将方案印发你们,请结合实际,因地制宜,切实落实各项防控技术措施,为确保今年我国农业生产安全做出积极贡献。

全国农技中心

2015 年 1 月 27 日

图 3-1-12　进行段落设置后的通知

四、保存文档

　　创建好文档后,应及时保存,否则会因为断电或误操作而造成文件的丢失。下面介绍保存文档的两种方法。

　　1. 文档保存

　　如果文档原来没保存过,单击 Microsoft Office 按钮,在展开的菜单中选择"保存"命令,则将弹出"另存为"对话框,设置文档的保存位置,在"文件名"文本框中输入文件名,最后单击"保存"按钮,如图 3-1-13 所示。具体操作时可输入的文件名为"病虫害防控通知",位置放在 D 盘根目录下。

　　2. 文档另存

　　当文档需要换名保存或更改保存类型时用另存文档比较方便。单击 Microsoft Office 按钮,在展开的菜单中选择"另存为"命令,如图 3-1-14 所示。

五、打印输出

　　编辑、编排好通知后,就可以打印了。在确保打印机已经和电脑连接完毕后,

图 3-1-13　"另存为"对话框

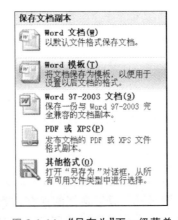

图 3-1-14　"另存为"下一级菜单

单击 Office 按钮,在其下拉菜单中"打印"命令的下一级菜单选择打印,会弹出"打印"对话框,如图 3-1-15 所示。

可以对打印的参数进行设置。如果文档包含多页,在"页面范围"选项组中,可以指定需要打印的范围,包括对整篇文档的打印、当前页打印以及打印文档中的某些页。在"副本"选项组中的"份数"文本框中可以调整需要打印的份数。如果单击"逐份打印"复选框,则打印机将在打印完一份完整的副本之后再开始打印下一份。

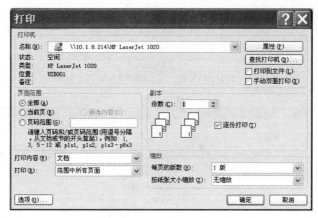

图 3-1-15　"打印"对话框

任务二　建立农业生产档案

【任务目标】

　　我们在建立农业生产档案时，常会使用表格将生产过程、产品的出入库、操作过程等分门别类地组织保存下来，使资料内容更加有序、直观，便于比较查询。下面我们将用 Word 2007 创建"2015 年绿发农业合作社生产档案表"来完成表格的创建、编辑和美化工作。

【知识准备】

　　表格由若干行、列组成，行列交叉的小方格称为单元格。在单元格内可以输入文字、数字和图形。

　　表格的制作通常需要分以下步骤来完成。

　　(1)输入表外文字。

　　(2)创建规则表格。

　　(3)对表内单元格进行合并与拆分工作，完成表格的制作。

　　(4)填入表内文字。

　　(5)美化表格与表内文字。

　　2015 年绿发农业合作社生产档案表制作效果如图 3-1-16 所示。

建立农业生产档案

2015 年绿发农业合作社生产档案

建档人：　　　　　　　　　　　　　　　　时间：

基本情况					
户名	李宇春	土地类别	租赁	土地面积	5亩	作物种类	西瓜
经营方式	自种自售				

固定资产投入			
时间	固定资产投入类别	固定资产内容	固定资产投入数量	固定资产单价
	每年度投入	土地租金	5亩	600元/年
	一次性投入	拖拉机	1台	5000
	一次性投入	水井	1口	20000
			固定资产投入当年总价值	

生产记录			
时间	工作内容	生产资料投入情况	效果

图 3-1-16　农业生产档案中的表格

任务设计与实施

【任务设计】

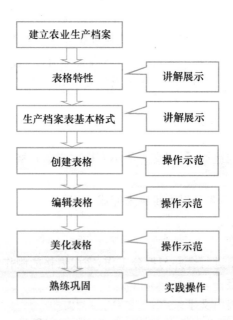

【任务实施】

一、插入表格（即创建表格）

在创建表格之前，先将表的标题和表外信息录入完成。切换到"插入"选项卡，单击"表格"按钮展开下拉列表，再单击"插入表格"选项，打开"插入表格"对话框，如图 3-1-17 所示。在该对话框中直接输入表格的行、列数，此例中可以看到行数是 13 行，列数可以定为 4 列，个别行中列数与实例有出入的可再通过下一步进行拆分或合并单元格，然后单击"确定"按钮即可。

图 3-1-17 "插入表格"对话框

这时在页面上会出现如图 3-1-18 所示的规则表格。

2015年绿发农业合作社生产档案

建档人：			时间：	

图 3-1-18 **13 行 4 列的规则表格**

二、编辑表格

（一）合并和拆分单元格

合并单元格是将表格中若干个单元格合并成一个单元格。拆分单元格是将它们一分为二或拆分为更多的单元格。很明显，这个 13 行 4 列的规则表格的表格与实例相差较大，这就需要再对表格中的单元格进行合并或拆分。

经过对比，第 1 行的 4 个单元格要合并成一个单元格。具体操作为：先选中第 1 行的所有单元格，切换到"表格工具——布局"选项卡，单击"合并"组中的"合并单元格"按钮，如图 3-1-19 所示。

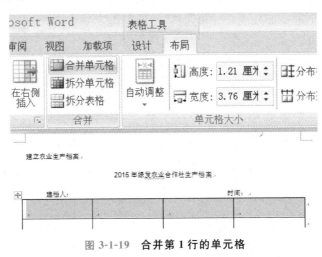

图 3-1-19　合并第 1 行的单元格

第 2 行的 4 个单元格要拆分成 8 个单元格，也就是每一个单元格要拆分成 2 个单元格。具体操作为：先选中第 2 行的第 1 个单元格，单击"合并"组中的"拆分单元格"按钮，出现"拆分单元格"对话框，在对话框中选择拆分的列数为 2，行数为 1，如图 3-1-20 所示，单击"确定"，以此类推完成这一行的操作。

图 3-1-20　"拆分单元格"对话框

其余各行也用此方法进行合并或拆分单元格,达到如图 3-1-21 所示的效果。

2015 年绿发农业合作社生产档案

图 3-1-21 完成合并或拆分单元格后的表格

小技巧

1. 添加一行:将光标定位在要插入单元格上方的末尾回车符的位置处,按【Enter】键即可。

2. 行/列的插入:"表格工具——布局"选项卡,在"行和列"组中的相应按钮单击即可

3. 删除单元格/行/列/表格:将光标定位在要删除的单元格中,单击"表格工具——布局"选项卡中的删除按钮,在展开的下拉列表中单击要删除的选项即可。

(二)录入表格中的文字

用鼠标单击某一单元格,这时光标就出现在此单元格中,开始录入文字,使用光标移动键或用单击的方法选定单元格,逐一把表格中的文字全部录入,如图 3-1-22 所示。

2015 年绿发农业合作社生产档案

建档人：						时间：	
基本情况							
户名	李宇春	土地类别	租赁	土地面积	5 亩	作物种类	西瓜
经营方式	自种自售						
固定资产投入							
时间	固定资产投入类别	固定资产内容		固定资产投入数量		固定资产单价	
	每年度投入	土地租金		5 亩		600 元/年	
	一次性投入	拖拉机		1 台		5000	
	一次性投入	水井		1 口		20000	
				固定资产投入当年总价值			
生产记录							
时间		工作内容		生产资料投入情况		效果	

图 3-1-22　录入文字后的表格

(三)美化表格

虽然表格内容填好了，但看起来并不美观，还需要调整一下行高和列宽，文本的对齐方式。

1. 调整行高和列宽

插入表格后，表格中的行、列都是均匀分布的。在单元格中输入文本或图形后，表格会自动调整行高和列宽，用户也可以用以下方法自行设置。

(1)手动调整。通过操作鼠标，即将鼠标指针移至水平/垂直标尺的表格标记处，当其变成双向箭头形状时拖动鼠标可调整表格的行高或列宽。

(2)精确调整。选定单元格，切换到"表格工具——布局"选项卡，在"单元格大小"组中设置单元格的"高度"和"宽度"，如图 3-1-23 所示。

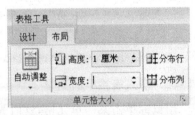

图 3-1-23　"单元格大小"组

2. 文字的对齐方式

文本在表格中的对齐方式包括靠上两端对齐、靠上居中对齐、靠上右对齐、中部两端对齐、水平居中、中部右对齐、靠下两端对齐、靠下居中对齐和靠下右对齐 9 种方式。

选定单元格后，切换到"表格工具——布局"选项卡，单击"对齐方式"组中的相应对齐方式即可。

经过调整后完成表格的制作，如图 3-1-24 所示。

图 3-1-24　美化后的表格

任务三　制作产品记录清单

【任务目标】

通过利用 Excel 2007 完成"常兴鸡场一号舍产蛋量与销售收入统计表"的制作任务，使学生掌握对生产过程中生产资料投入及产出情况等基本信息的记录与统计方法。

【知识准备】

产品记录清单可以用 Word 来制作,也可以使用 Excel,它们都具有表格绘制、图表制作的功能,但 Excel 在数据处理、数据管理方面更为强大。

一、Excel 2007 的工作界面

Excel 2007 的工作界面与 Word 2007 的工作界面有相似之处,都有 Microsoft Office 按钮、快速访问工具栏、标题栏、"窗口操作"按钮、选项卡标签、功能区、"帮助"按钮、滚动条、"视图"按钮、显示比例,不同之处是有活动单元格地址、编辑栏、行号、列标和工作表,具体分布如图 3-1-25 所示。

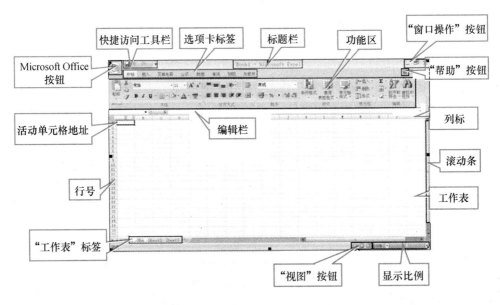

图 3-1-25　**Excel 2007 的工作界面**

二、Excel 2007 中的基本概念

(一)工作簿

工作簿是 Excel 生成的文档。一个文档就是一个工作簿,其中可存放若干个工作表,但最少会有一个,最多有 255 个工作表。

（二）工作表

工作表是 Excel 中存储和管理数据的对象,是由若干行(横向,行号为 1,2,…,1048576),若干列(纵向,列标 A,B,…,AAA,AAB,XFD,共 16384 列)组成。

默认情况下,一个工作簿由 3 个工作表(Sheet1、Sheet2、Sheet3)构成,单击不同的工作表标签可以在工作表之间进行切换。

（三）单元格

行和列的交叉处为单元格,是 Excel 工作表中最基本的单位,用于保存输入的数据。每一个单元格用它的列标和行号来表示,如 B3 表示的是第 2 列第 3 行交叉处的单元格。

（四）活动单元格

活动单元格是指当前正在操作的单元格,被黑框框住,同时单元格名称在“活动单元格地址”栏中显示。

三、行、列与单元格的选取

(1)选定整行、整列。单击行号或列标。

(2)选定单一单元格。单击相应单元格。

(3)选取连续多个单元格　鼠标拖动选定一个连续矩形区;或者单击第一个单元格,按【Shift】同时单击最后一个单元格。

(4)选取不连续多个单元格　选定一个单元格,按【Ctrl】同时分别单击待选单元格。

四、产品记录清单

在农产品生产和销售过程中,往往需要进行多次的生产资料投入,为便于掌握单位生产资料投入所产生的效益及回报率或随时掌握产量、价格和收益的变化情况,在生产和销售过程中常常以产品记录清单的形式进行记录和分析,以便对生产过程进行管理和控制。

五、本任务将完成如图 3-1-26 所示产品记录清单的制作。清单记录统计了常兴鸡场一万只鸡的产蛋与销售收入情况。如记录了日龄为 210 天的蛋鸡每天的产蛋量,一盘 30 个鸡蛋为单位的平均重量(kg),结合每天的市场价,算出鸡舍每天的销售收入,并合计出一周的产蛋量和销售收入。

	A	B	C	D	E	F
1	常兴鸡场一号舍产蛋量与销售收入统计表					
2	日期	日龄（天）	产蛋量（个）	蛋重（kg/30个）	批发价（元/kg）	销售收入（元）
3	2015-3-1	210	9500	1.85	8.70	￥5,097
4	2015-3-2	211	9520	1.85	8.70	￥5,107
5	2015-3-3	212	9550	1.85	8.70	￥5,124
6	2015-3-4	213	9580	1.85	8.60	￥5,081
7	2015-3-5	214	9600	1.85	8.60	￥5,091
8	2015-3-6	215	9580	1.85	8.60	￥5,081
9	2015-3-7	216	9600	1.85	8.60	￥5,091
10	合计		66930			￥35,671

图 3-1-26   常兴鸡场一号舍产蛋与销售收入统计表

任务设计与实施

【任务设计】

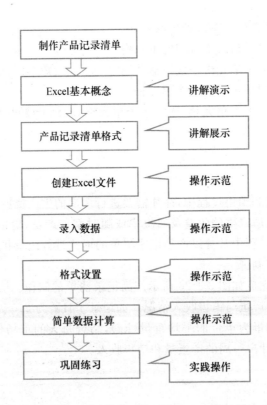

【任务实施】

一、创建新文件

单击"开始"—"所有程序"—"Microsoft Office"—"Microsoft Office Excel 2007",生成一个名为"Book1"的新文件,如图 3-1-27 所示。

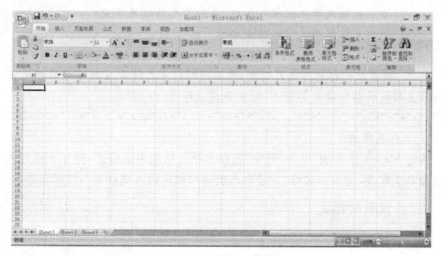

图 3-1-27　"Book1"窗口

二、录入基本数据

1. 录入数据

光标定位至"Sheet1"工作表 A1 单元格,录入"常兴鸡场一号舍产蛋与销售价格统计表",按【Enter】键确认。同样,在相应单元格录入下列数据,如图 3-1-28 所示。

	A	B	C	D	E	F
1	常兴鸡场一号舍产蛋量与销售收入统计表					
2	日期	日龄 (天)	产蛋量 (个)	蛋重 (kg/30 个)	批发价 (元 /kg)	销售收入 (元)
3	2015-3-1	210	9500	1.85	8.7	
4	2015-3-2	211	9520	1.85	8.7	
5	2015-3-3	212	9550	1.85	8.7	
6	2015-3-4	213	9580	1.85	8.6	
7	2015-3-5	214	9600	1.85	8.6	
8	2015-3-6	215	9580	1.85	8.6	
9	2015-3-7	216	9600	1.85	8.6	
10	合计					

图 3-1-28　常兴鸡场一号舍产蛋量与销售收入统计表(原始表)

小提示

1. 确认数据存入单元格：

(1)按下【Enter】确认,活动单元格下移;

(2)按下【Tab】确认,活动单元格右移;

(3)按下数据编辑栏的输入按钮,活动单元格位置不变;

(4)使用光标键确认并移动活动单元格。

2. 同一单元格输入多行数据:输入一行后按 Alt＋回车键。

3. 调整单元格的行高或列宽:光标移到行号与行号或列标与列标之间时,鼠标指针会变成双向箭头,按下并拖动即可。

2. 工作表改名

选定 Sheet1 工作表,单击"开始"选项卡单元格组中的格式,打开下拉列表,单击重命名工作表,键入新名称"一号舍产蛋量与销售收入统计表",按回车键。

三、设置表格格式

(一)设置字体

选定 A1 单元格,在"开始"选项卡的字体组中选择,将文本格式设为"宋体、16 号",选定 A2 到 F2,将文本格式设为"宋体、加粗、12 号",同样,将表中其他数据设置为"宋体、12 号"。如图 3-1-29 所示。

图 3-1-29 "开始"
选项卡的字体组

(二)合并单元格并设置对齐方式

选定 A1:F1,在"开始"选项卡的对齐方式组中单击"合并后居中"按钮,如图 3-1-30 所示。

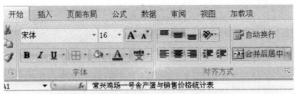

图 3-1-30 "合并后居中"按钮

同样,在"开始"选项卡的对齐方式组右下角的对话框启动器打开"设置单元格格式"对话框,将表中其他数据设置为"水平居中、垂直居中",如图 3-1-31 所示。

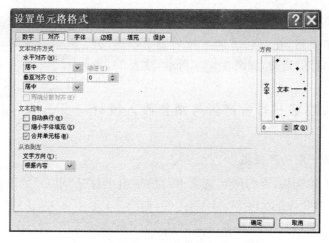

图 3-1-31　"设置单元格格式"对话框

小提示

"A1:F1"表示 A1 至 F1 六个单元格范围；

"A1,F1"表示 A1 和 F1 两个单元格范围。

图 3-1-32　"边框"的下拉列表

(三)设置边框

选定 A2:F10,在"开始"选项卡的字体组中单击"边框"的下拉列表,选择所用框线。如图 3-1-32 所示。

(四)设置行高

选定第 1 行,在"开始"选项卡的单元格组中打开"格式"的下拉列表,单击"行高",打开"行高"对话框,如图 3-1-33 所示,输入 40,单击确定。同理,设置第 2 行行高为"35",其余各行为"25"。

图 3-1-33　"行高"对话框

(五)设置列宽

全选整个表格,在"格式"的下拉列表中单击"列宽",打开"列宽"对话框,如图 3-1-34 所示,输入 13,单击确定。

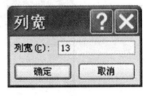

图 3-1-34　"列宽"对话框

四、常兴鸡场一号舍产蛋与销售收入统计表的计算

(一)合计一周的产蛋量

选定 C10 单元格,在"开始"选项卡的编辑组中打开"求和"的下拉列表,单击求和按钮,表中默认显示出 SUM(C3:C9),如图 3-1-35 所示,单击确定。

日龄 (天)	产蛋量 (个)	蛋重 (kg/30个)	
210	9500	1.85	
211	9520	1.85	
212	9550	1.85	
213	9580	1.85	
214	9600	1.85	
215	9580	1.85	
216	9600	1.85	
	=SUM(C3:C9)		

图 3-1-35　产蛋量的求和

(二)计算销售收入

选定 F3 单元格,在编辑栏中输入公式"＝C3/30 ＊ D3 ＊ E3",按【Enter】键即可。

小提示

设置货币格式　选中整列后,在"开始"选项卡的数字组右下角的对话框启动器打开"设置单元格格式"对话框,选择货币格式,小数位数为 0。

选定 F3 单元格，鼠标移到右下角变为黑十字，如图 3-1-36 所示，向下拖动到 F9 单元格，自动计算出每天的销售收入。

	日期	日龄 （天）	产蛋量 （个）	蛋重 （kg/30个）	批发价 （元 /kg）	销售收入 （元）
1	常兴鸡场一号舍产蛋量与销售收入统计表					
3	2015-3-1	210	9500	1.85	8.70	￥5,097
4	2015-3-2	211	9520	1.85	8.70	
5	2015-3-3	212	9550	1.85	8.70	
6	2015-3-4	213	9580	1.85	8.60	
7	2015-3-5	214	9600	1.85	8.60	
8	2015-3-6	215	9580	1.85	8.60	
9	2015-3-7	216	9600	1.85	8.60	
10	合计		66930			

图 3-1-36　计算每天的销售价格

选定 F10 单元格，利用求和按钮合计出一周的收入。

五、文件保存

单击 Microsoft Office 按钮，在展开的菜单中选择"保存"命令，则将弹出"另存为"对话框，选择保存位置并键入文件名"常兴鸡场一号舍产蛋量与销售收入统计表"，单击"保存"，如图 3-1-37 所示。

图 3-1-37　"另存为"对话框

六、程序退出

当文档编辑、保存完成后，单击 Microsoft Office 按钮，打开下拉列表，单击"退出 Excel"，或单击标题栏上的关闭按钮⊠，关闭工作簿，同时退出 Excel 应用程序。

任务四　农产品生产分析

【任务目标】

在生产过程中，面对大量的生产信息，我们希望从这些复杂的数据中发现数据存在的规律和变化的趋势等信息，在以往手工处理时这些信息是隐藏的，必须使用特殊的方法和大量的人力来完成，而利用现代计算机工具，可以在瞬间实现。本任务通过对不同杂交系，不同胎次的 9 头奶牛产奶量的数据进行排序、分类汇总等分析，最终实现评选出最适宜本地生产的奶牛的任务。

【知识准备】

一、数据管理

（一）数据清单

数据清单是由一连串的列和行所组成的数据列表，常用来处理大量数据。

（二）数据排序

数据排序是指按一定的规则对数据进行整理和排列。排序的方式有升序和降序两种。英文字母可按字母次序排序，汉字可按拼音或笔画排序。

（1）简单排序。简单排序是指对单一字段按升序或降序进行排序。具体操作是，选择要排序字段中的任意含有数据的单元格，在"数据"选项卡下单击升序(处)或降序(处)按钮即可。

（2）复杂排序。复杂排序就是按多个关键字对数据进行排序。当主要关键字相同时，可根据次要关键字排序，以此类推。

在"数据"选项卡下，单击"排序和筛选"组中的"排序"按钮，在打开的"排序"对话框中进行设置，如图 3-1-38 所示。

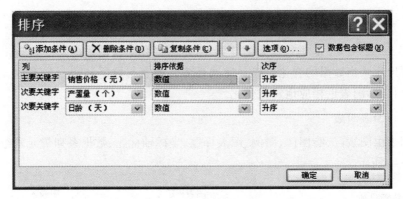

图 3-1-38　"排序"对话框

(三)数据筛选

　　筛选是从数据清单中将满足条件的数据显示出来,不满足条件的暂时隐藏起来,在筛选条件被取消后隐藏的数据又会恢复显示。切换到"数据"选项卡,在"排序和筛选"组中单击"筛选"按钮,此时,在每个表头字段所在单元格的右侧都出现了一个下拉按钮,即筛选器,用户可以单击按钮选择筛选条件进行筛选操作。如图3-1-39 所示。

图 3-1-39　筛选器的筛选条件

(四)分类汇总

　　分类汇总功能是对数据清单中的数据按某字段分组并对部分字段数据进行某种运算。分类汇总前一定按分组字段进行排序。

二、图表

Excel 表格除了能进行强大的计算外,还能将数据以图表的形式表现出来,从而直观地反映出数据的变化规律和发展趋势。图表与数据是相互联系的,当数据发生变化时,图表也相应地发生变化。

(一)图表组成

图表由图表区、绘图区、图例、图表标题、坐标轴标题、数据系列等元素组成,如图 3-1-40 所示。

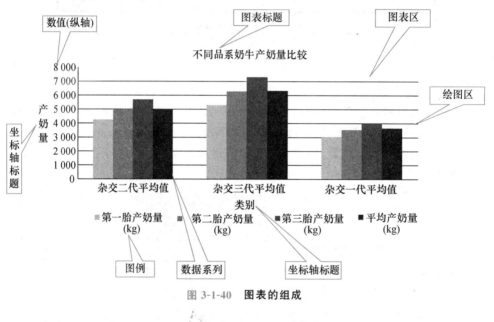

图 3-1-40　图表的组成

(二)创建图表

在建立图表之前应先选择要创建图表的数据区域,在"插入"选项卡的"图表"组中选择图表的类型。

(三)图表编辑

可以为图表添加标题、标签,更改图例,更改图表样式等。

(四)更改图表

对于建好的图表,如果觉得图表类型不合适、数据源不正确等,可以对图表进行修改。选定图表,切换到"图表工具—设计"选项卡,在相应元素中选择并修改。

三、任务说明

本任务是已知某养殖户共有奶牛15头,其中9头奶牛的产奶期已经结束,试分析这9头奶牛前三胎产奶量的差异,从而选育出适宜本地的奶牛。

> **小提示**
>
> 1. 奶牛不同个体进行比较:对奶牛不同个体进行产奶量比较,首先要计算出前三胎各头奶牛的产奶量平均值及其总和,并对其进行排序,以便进行各头牛的产奶性能比较。
>
> 2. 奶牛不同品系进行比较:9头奶牛分别属于不同的杂交品系,通过计算各品系奶牛的产奶量,并通过图表的方式进行比较,选出适宜本地饲养的优良品种。

任务设计与实施

【任务设计】

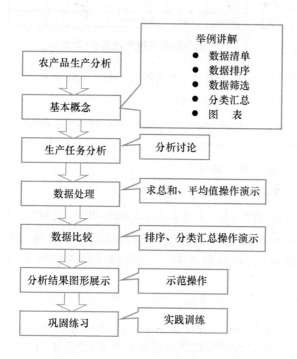

【任务实施】

一、计算奶牛产奶量总和及其平均值

(一)启动 Excel 应用程序,录入原始数据,工作表改名

通过"开始"菜单启动 Excel 应用程序,会创建一个名为"Book1"的新文件,在 Sheet1 中录入原始数据,设置表格格式,如图 3-1-41 所示。

奶牛不同品种产奶量表						
品系	编号	第一胎产奶量(kg)	第二胎产奶量(kg)	第三胎产奶量(kg)	平均产奶量(kg)	总计产奶量(kg)
杂交一代	SH101	3000	3500	4000		
杂交一代	SH102	3200	3800	4500		
杂交一代	SH103	2900	3200	3800		
杂交二代	SH201	4000	4800	5200		
杂交二代	SH202	4200	5000	5300		
杂交二代	SH203	4500	5300	6000		
杂交三代	SH301	5000	5900	7000		
杂交三代	SH302	5500	6500	7500		
杂交三代	SH303	5300	6200	7300		

图 3-1-41　奶牛不同品种产奶量表(原始表)

在工作表标签"Sheet1"上双击,键入新的名称"产奶量表"。

(二)计算一头奶牛三胎平均产奶量

选定 F3 单元格,在"开始"选项卡的编辑组中打开"求和"的下拉列表,单击平均值,表中默认显示出 AVERAGE(C3：E3),如图 3-1-42 所示,单击确定,计算出 SH101 一头奶牛三胎平均产奶量。

(三)计算一头奶牛三胎产奶量总和

选定 G3 单元格,在"开始"选项卡的编辑组中单击"求和"按钮,表中默认显示出 SUM(C3：F3)单元格,很明显我们需要的是对 C3：E3 这三个单元格求和,更改 F3 为 E3,单击确定,计算出 SH101 一头奶牛三胎产奶量总和,如图 3-1-43 所示。

(四)计算所有奶牛产奶量总和

选定 F3：G3 单元格,移动鼠标至右下角变为填充柄状态,向下拖动至第 11 行,完成所有奶牛三胎产奶量平均值及总和的计算,结果如图 3-1-44 所示。

	SUM	▼	× ✓ fx	=AVERACE(C3:E3)		
	A	B	C	D	E	F	G

奶牛不同品种产奶量表

	品系	编号	第一胎产奶量（kg）	第二胎产奶量（kg）	第三胎产奶量（kg）	平均产奶量（kg）	总计产奶量（kg）
3	杂交一代	SH101	3000	3500	=AVERAGE(C3:E3)		
4	杂交一代	SH102	3200	3800	4500		
5	杂交一代	SH103	2900	3200	3800		
6	杂交二代	SH201	4000	4800	5200		
7	杂交二代	SH202	4200	5000	5800		
8	杂交二代	SH203	4500	5300	6000		
9	杂交三代	SH301	5000	5900	7000		
10	杂交三代	SH302	5500	6500	7500		
11	杂交三代	SH303	5300	6200	7300		

图 3-1-42 **SH101 奶牛三胎平均产奶量**

	G3	▼	fx	=SUM(C3:E3)		
	A	B	C	D	E	F	G

奶牛不同品种产奶量表

	品系	编号	第一胎产奶量（kg）	第二胎产奶量（kg）	第三胎产奶量（kg）	平均产奶量（kg）	总计产奶量（kg）
3	杂交一代	SH101	3000	3500	4000	3500	10500
4	杂交一代	SH102	3200	3800	4500		
5	杂交一代	SH103	2900	3200	3800		
6	杂交二代	SH201	4000	4800	5200		
7	杂交二代	SH202	4200	5000	5800		
8	杂交二代	SH203	4500	5300	6000		
9	杂交三代	SH301	5000	5900	7000		
10	杂交三代	SH302	5500	6500	7500		
11	杂交三代	SH303	5300	6200	7300		

图 3-1-43 **SH101 奶牛三胎产奶量总和**

	A	B	C	D	E	F	G
1	奶牛不同品种产奶量表						
2	品系	编号	第一胎产奶量（kg）	第二胎产奶量（kg）	第三胎产奶量（kg）	平均产奶量（kg）	总计产奶量（kg）
3	杂交一代	SH101	3000	3500	4000	3500	10500
4	杂交一代	SH102	3200	3800	4500	3833	11500
5	杂交一代	SH103	2900	3200	3800	3300	9900
6	杂交二代	SH201	4000	4800	5200	4667	14000
7	杂交二代	SH202	4200	5000	5800	5000	15000
8	杂交二代	SH203	4500	5300	6000	5267	15800
9	杂交三代	SH301	5000	5900	7000	5967	17900
10	杂交三代	SH302	5500	6500	7500	6500	19500
11	杂交三代	SH303	5300	6200	7300	6267	18800

图 3-1-44 完成所有奶牛三胎产奶量平均值及总和的计算

小提示

设置数值格式 选中 F 列后，在"开始"选项卡的数字组右下角的对话框启动器打开"设置单元格格式"对话框，选择数值格式，小数位数设置为 0。

二、奶牛个体产奶性能比较

（一）复制产奶量工作表并改名为"产奶量比较表"

光标定位至"产奶量表"工作表任意单元格，在"开始"选项卡的单元格组中单击"格式"，在下拉列表中单击"移动或复制工作表"，出现"移动或复制工作表"对话框，如图 3-1-45 所示，选定"建立副本"后单击确定。

双击该工作表标签，输入"产奶量比较表"。

小提示

工作表移动/复制/删除等操作：右键单击工作表标签，在快捷菜单中选择相应命令。

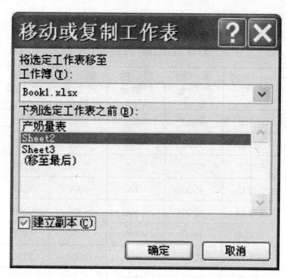

图 3-1-45 "移动或复制工作表"对话框

(二)产奶量比较

选定 A2：G11,在"数据"选项卡的排序和筛选组中单击排序,打开"排序"对话框,设置主要关键字为总计产奶量,次序为降序,单击确定,如图 3-1-46 所示。

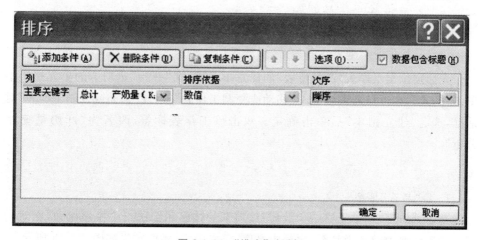

图 3-1-46 "排序"对话框

排序结果如图 3-1-47 所示。结果表明,杂交三代中 SH302 产奶量最高。

	A	B	C	D	E	F	G
1	奶牛不同品种产奶量表						
2	品系	编号	第一胎产奶量（kg）	第二胎产奶量（kg）	第三胎产奶量（kg）	平均产奶量（kg）	总计产奶量（kg）
3	杂交三代	SH302	5500	6500	7500	6500	19500
4	杂交三代	SH303	5300	6200	7300	6267	18800
5	杂交三代	SH301	5000	5900	7000	5967	17900
6	杂交二代	SH203	4500	5300	6000	5267	15800
7	杂交二代	SH202	4200	5000	5800	5000	15000
8	杂交二代	SH201	4000	4800	5200	4667	14000
9	杂交一代	SH102	3200	3800	4500	3833	11500
10	杂交一代	SH101	3000	3500	4000	3500	10500
11	杂交一代	SH103	2900	3200	3800	3300	9900

图 3-1-47　排序后的奶牛不同品种产量表

三、不同品系奶牛产奶量数据分析

（一）复制产奶量表并改名为"产奶量统计分析"

光标定位至工作表"产奶量表"的任意单元格,在"开始"选项卡的单元格组中单击"格式",在下拉列表中单击"移动或复制工作表",出现"移动或复制工作表"对话框,选定"建立副本"后单击确定。双击该工作表标签,改名为"产奶量统计分析"。

（二）计算不同品系奶牛各胎产奶量、平均产奶量和总计产奶量的平均数

1. 按"品系"排序

选定 A2:G11 单元格,在"数据"选项卡的排序和筛选组中排序按钮,在对话框中设置主要关键字为品系,次序为升序,单击确定,排序结果如图 3-1-48 所示。

2. 按"品系"分类汇总

选定 A2:G11 单元格,在"数据"选项卡的分级显示组中单击"分类汇总"按钮,打开"分类汇总"对话框,如图 3-1-49 所示。

奶牛不同品种产奶量表						
品系	编号	第一胎产奶量（kg）	第二胎产奶量（kg）	第三胎产奶量（kg）	平均产奶量（kg）	总计产奶量（kg）
杂交二代	SH201	4000	4800	5200	4667	14000
杂交二代	SH202	4200	5000	5800	5000	15000
杂交二代	SH203	4500	5300	6000	5267	15800
杂交三代	SH301	5000	5900	7000	5967	17900
杂交三代	SH302	5500	6500	7500	6500	19500
杂交三代	SH303	5300	6200	7300	6267	18800
杂交一代	SH101	3000	3500	4000	3500	10500
杂交一代	SH102	3200	3800	4500	3833	11500
杂交一代	SH103	2900	3200	3800	3300	9900

图 3-1-48　按"品系"排序后的"奶牛不同品种产奶量表"

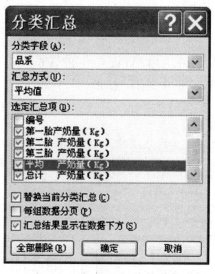

图 3-1-49　"分类汇总"对话框

在对话框中选择分类字段为品系，汇总方式为平均值，选定第一胎产奶量、第二胎产奶量、第三胎产奶量、平均产奶量和总计产奶量五个汇总项,单击确定,结果如图 3-1-50 所示。

	品系	编号	第一胎产奶量（kg）	第二胎产奶量（kg）	第三胎产奶量（kg）	平均产奶量（kg）	总计产奶量（kg）
			A	B	C	D	E	F	G
3	杂交二代	SH201	4000	4800	5200	4667	14000
4	杂交二代	SH202	4200	5000	5800	5000	15000
5	杂交二代	SH203	4500	5300	6000	5267	15800
6	杂交二代 平均值		4233	5033	5667	4978	14933
7	杂交三代	SH301	5000	5900	7000	5967	17900
8	杂交三代	SH302	5500	6500	7500	6500	19500
9	杂交三代	SH303	5300	6200	7300	6267	18800
10	杂交三代 平均值		5267	6200	7267	6244	18733
11	杂交一代	SH101	3000	3500	4000	3500	10500
12	杂交一代	SH102	3200	3800	4500	3833	11500
13	杂交一代	SH103	2900	3200	3800	3300	9900
14	杂交一代 平均值		3033	3500	4100	3544	10633
15	总计平均值		4178	4911	5678	4922	14767

图 3-1-50 分类汇总后的"奶牛不同品种产奶量表"

(三)不同品种奶牛各胎产奶量、平均产奶量的平均数的图形比较

1.创建图表

选择数据区域为 A2,A6,A10,A14, C2:F2,C6:F6,C10:F10,C14:F14,在"插入"选项卡的"图表"组中选择"柱形图"中的"二维柱形图",如图 3-1-51 所示。

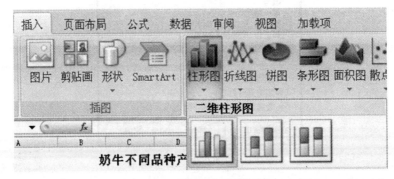

图 3-1-51 插入"二维柱形图"

2. 编辑图表

(1)设置图表选项。在"图表工具—布局"选项卡的"标签"组中选择要添加或更改的标签选项,如图 3-1-52 所示。设置图表标题为"不同品系奶牛产奶量比较",在图表上方;横坐标标题为"类别",纵坐标标题为"产奶量",图例在底部显示。

图 3-1-52 "标签"组按钮

(2)设置标题、坐标轴格式。选中标题,在"开始"选项卡字体组中设置字体为楷体,20 号,同样设置坐标轴字体为宋体,12 号。

(3)设置绘图区格式。选定图表,在"图表工具—布局"选项卡的"背景"组中单击"绘图区"按钮,在打开的下拉列表中选择"其他绘图区选项",打开"设置绘图区格式"对话框,如图 3-1-53 所示。

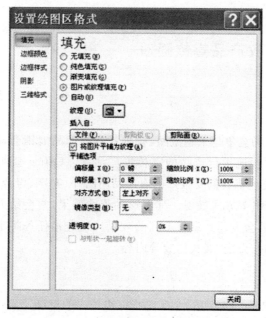

图 3-1-53 "设置绘图区格式"对话框

设置其填充效果为纹理的"新闻纸",单击关闭,结果如图 3-1-54 所示。

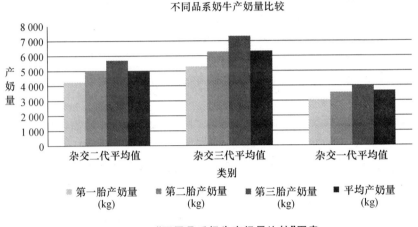

不同品系奶牛产奶量比较

图 3-1-54 **"不同品系奶牛产奶量比较"图表**

3. 结 论

从图表中可以看出,奶牛第三胎产奶量较前两胎产奶量多,三种品系奶牛中杂交三代的生产性能最好。

任务五 制作农产品宣传画册

【任务目标】

随着农产品市场竞争越来越激烈,各种各样的产品展销会,推广会,美食节以及农村圩集等经常性地举行产品的宣传推广活动。Office 套件中的 PowerPoint 2007 工具可以方便地将我们要推广的农产品用图片、文字、声音、动画的方式通过大屏幕、放映机、网络等方式展现。其声形并茂的效果,常会给人们留下深刻的印象,往往在各类展销会上起到意想不到的效果。通过本任务将掌握农产品演示文稿的创建、美化、动作设定、展式播放等内容。

【知识准备】

(1)在 PowerPoint 2007 中,主题是指一组统一的设计元素,使用颜色、字体和图形设置文档的外观,通过应用文档主题,可以快速而轻松地设置整个文档的格式,赋予它专业和时尚的外观。不仅可以对演示文稿中的幻灯片使用一种主题,还可以在同一演示文稿中使用多种不同的主题。

(2)背景样式是来自当前的文档"主题"中主题背景和文本的色彩组合。当更改文档主题时,背景样式会随之更新以反映新的主题颜色和背景。如想只更改演示文稿的背景,则可单独选择其他背景样式。在更改文档主题时,更改的不只是背景,同时会更改颜色、标题、正文字体、线条、填充样式等。

(3)幻灯片切换动画是指在"幻灯片放映"视图中从一张幻灯片移到另一张幻灯片时出现的类似动画的效果,可以控制每个幻灯片切换效果的速度,还可以添加声音。在 Microsoft PowerPoint 2007 中包含了很多不同类型的幻灯片切换效果,如淡出和溶解、擦除、推进和覆盖、条纹和横纹,随机等类型。用户可以一次性为演示文稿中的所有幻灯片添加相同的切换效果,也可以对每张幻灯片设置单独的切换效果。

任务设计与实施

【任务设计】

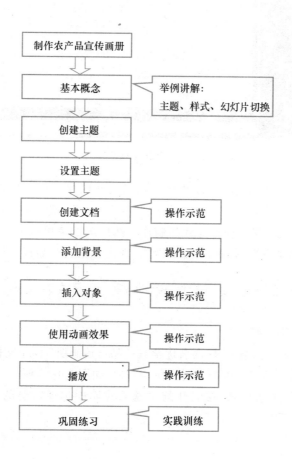

【任务实施】

一、创建空白文档

(1)在 D 盘建立"桑蚕"文件夹,将要用到的图片、声音、视频素材保存在此文件夹中。

(2)启动 PowerPoint 2007。点击"开始"菜单按钮——单击"所有程序"——单击"Microsoft Office"——单击"Microsoft Office PowerPoint 2007"后会弹出如图 3-1-55 所示程序空白文档窗口。

图 3-1-55 新建设计文稿

(3)建立"广西名优桑蚕产品宣传画册"首页并保存。在文档编辑区域点击"单击此处添加标题",输入"广西名优桑蚕产品宣传画册"。若我们有副标题也可以同样操作。这样完成了第一张幻灯片的制作。然后单击菜单栏上"保存"图标,把文档保存在"D:\桑蚕"文件夹,并命名为"广西名优桑蚕产品宣传画册"。

二、编辑"广西名优桑蚕产品宣传画册"演示文稿

(一)设置文稿主题

第一步:打开"D:\桑蚕\广西名优桑蚕产品宣传画册"演示文稿,单击菜单"设计"选项卡,单击"主题"组中的"其他"快翻按钮,如图 3-1-56 所示。

第二步:选择主题样式,在展开的主题样式库中选择需要的主题样式,如图 3-1-57所示。

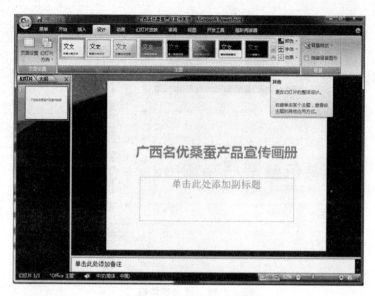

图 3-1-56 打开所有设计主题窗

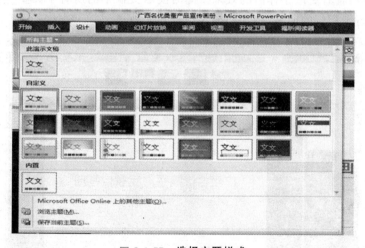

图 3-1-57 选择主题样式

　　第三步：查看应用内置主题样式后的效果。当前的演示文稿马上应用选定的主题样式。

　　第四步：更改主题字体，在"主题"组中单击"字体"按钮，在下拉列表中选择"华文楷体"选项。如图 3-1-58 所示。

图 3-1-58　指定字体格式

第五步:查看更改字体后的效果。此时演示文稿中的所有字体根据选定的主题字体进行了相应的调整,得到如图 3-1-59 所示效果。

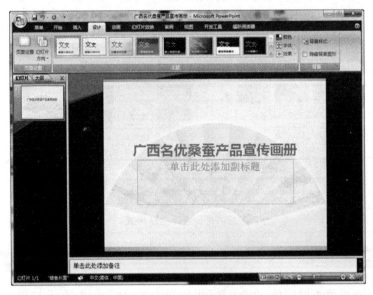

图 3-1-59　设定字体效果

(二)为"广西名优桑蚕产品宣传画册"文档幻灯片设置背景

第一步：打开"设置背景格式"对话框。在"设计"选项卡的"背景"组中单击"背景样式"按钮，在展开的下拉列表中选择"设置背景格式"选项，如图 3-1-60 所示。

图 3-1-60 设置背景格式

第二步：设置背景颜色，在"设置背景格式"对话框中选择"填充"选项，再选择"渐变填充"单选按钮，然后单击"预设颜色"按钮，在展开的预设颜色库中选择需要的颜色，选择"金色年华"，如图 3-1-61 所示

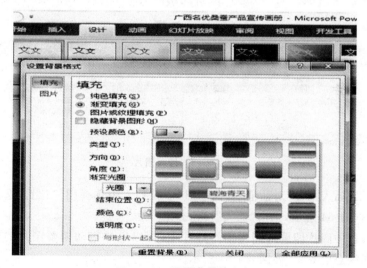

图 3-1-61 设置背景填充色

第三步：查看设置后的效果。此时可见选中幻灯片背景样式即设置为选定的颜色，得到如图 3-1-62 所示得到效果。

图 3-1-62   设定背景格式后效果

（三）插入对象内容

1. 插入产品图画

打开"D:\桑蚕\广西名优桑蚕产品宣传画册"，右击左侧窗口中幻灯片缩略图，新建一张空白的幻灯片，选择该新建幻灯片，单击插入选项卡图片项，如图 3-1-63 所示。

图 3-1-63   插入图片

在弹出"插入图片"对话框"查找范围"下拉列表中选择图片位置，选择需要的图片，如图 3-1-64 所示，单击"插入"按钮。

此时，选中图片即插入到当前幻灯片中，可以通过拖动调整图片的位置和大小，得到您满意的效果，如图 3-1-65 所示。

如上步骤，依次添加多张幻灯片，并分别插入图片和相应文字到"D:\桑蚕\广西名优桑蚕产品宣传画册"演示文稿的幻灯片中，如图 3-1-66 所示。

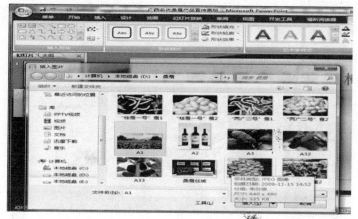

图 3-1-64 选择图片

图 3-1-65 插入图片效果

小提示

　　通过点击插入选项卡文本框项,可以在选定的幻灯片中添加一个文本框,文本框内的文字可以随文本框调整位置和显示范围。

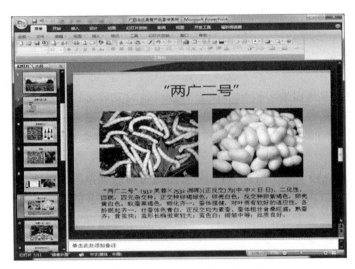

图 3-1-66　添加多张幻灯片及内容

2. 插入声音

打开"D:\桑蚕\广西名优桑蚕产品宣传画册"演示文稿,选中第一张幻灯片,在"插入"选项卡中,单击"媒体剪辑"组中的"声音"按钮,在下拉列表中选择"文件中的声音"选项,如图 3-1-67 所示。

图 3-1-67　插入声音

弹出"插入声音"对话框,在"查找范围"下拉列表中选择需要的声音文件保存的路径,然后选中需要的声音文件,如图 3-1-68 所示,单击"确定"按钮。

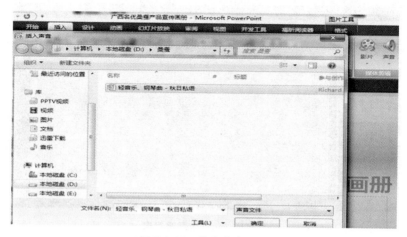

图 3-1-68　选定声音文件

　　弹出对话框,提示用户选择声音开始播放的方式,如图 3-1-69 所示,在此单击"自动"按钮,当进入幻灯片放映视图时会自动播放幻灯片中的声音文件。

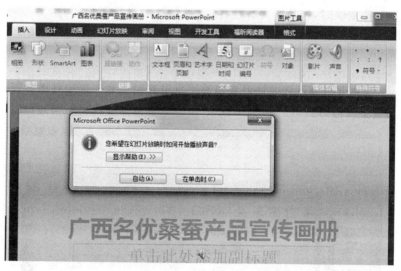

图 3-1-69　确定播放方式

　　此时在幻灯片中添加了声音图标,选中声音图标将其拖动至需要的位置,得到如图 3-1-70 所示效果。

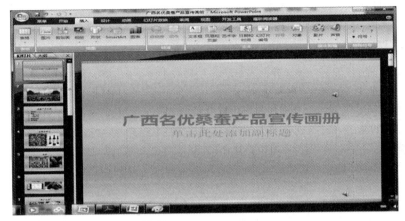

图 3-1-70　添加声音完成

三、为"广西名优桑蚕产品宣传画册"使用动画效果

(一)幻灯片的切换效果

在幻灯片放映时,换片方式有两种,一种是单击鼠标时换换片,另一种是"在此之后自动设置动画效果"也就是指定时间进行切换。

打开"D:\桑蚕\广西名优桑蚕产品宣传画册"演示文稿,选中第 1 张幻灯片,在"动画"选项卡中的"切换到此幻灯片"组中单击"其他"按钮,在展开的幻灯片切换效果样式库中选择"顺时针回旋,8 根轮轴"选项,如图 3-1-71 所示。

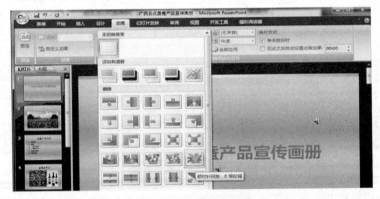

图 3-1-71　选择切换效果

接着在"切换声音"下拉列表中选择"风铃"选项,如图 3-1-72 所示。

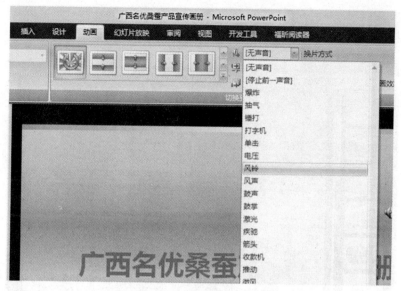

图 3-1-72　设定幻灯片切换声效

在"切换速度"下拉列表中选择"慢速"选项,如图 3-1-73 所示。

图 3-1-73　设定幻灯片切换速度

在"换片方式"选项组中勾选"单击鼠标时"和"在此之后自动设置动画效果"复选框,并在其后的文本框中输入单隔时间,如"00:08",如图 3-1-74 所示。当放映幻灯片时,单击鼠标或是指定时间后自动切换至下一张幻灯片。

预览切换效果,如果用户需要在普通视图下预览指定幻灯片的切换效果,请选中幻灯片,在"动画"选项卡中的"预览"组中单击"预览"按钮,如图 3-1-75 所示。

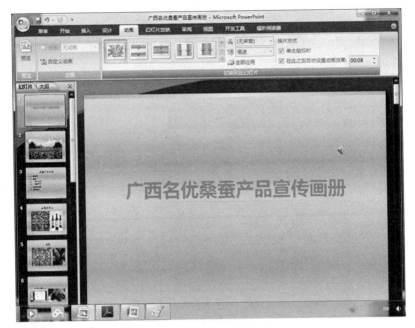

图 3-1-74　设定换片方式

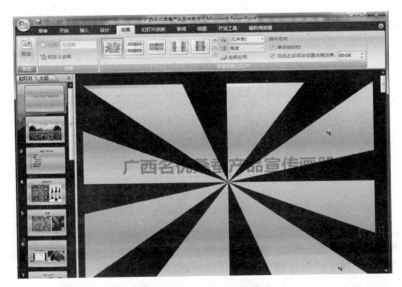

图 3-1-75　幻灯片预览

此时在幻灯片窗格中即播放幻灯片的切换效果。

(二)设置对象动画效果

对象的动画即可指对幻灯片中的对角设置进入、强调或退出的动态效果。在同一张幻灯片中有多个对象,用户可以按照某个规律,以动画的方式依次显示对象,实现幻灯片中的对象动起来。我们分别为"广西名优桑蚕产品宣传画册"各个产品图片设置不同动画动作。

1. 对象"进入"动画

第一步:选择对象。在打开"D:\桑蚕\广西名优桑蚕产品宣传画册"演示文稿,选中第 2 张幻灯片中的图片对象,如图 3-1-76 所示。

图 3-1-76　第 2 张幻灯片

第二步:打开"自定义动画"任务窗格。在"动画"选项卡中单击"动画"组中的"自定义动画"按钮,如图 3-1-77 所示。

第三步:添加进入动画效果。在"自定义动画"任务窗格中,单击"添加效果"按钮,在展开的下拉列表中选择"进入"-"其他效果"选项,如图 3-1-78 所示。

第四步:选择需要的进入效果。弹出"添加进入效果"对话框,在该对话框中的进入效果分为基本型、细微型、温和型和华丽型 4 种类型,在此选择"圆形扩展"选项。如图 3-1-79 所示,然后单击"确定"按钮。

图 3-1-77　打开自定义动画面板

图 3-1-78　设定进入动画其他效果

图 3-1-79　添加进入效果

第五步：设置动画开始时间。添加动画效果后，选中动效果选项，在"开始"下拉列表中选择"之前"选项，如图 3-1-80 所示，如果开始时间设置为"之后"，则前一个动画结束后就开始执行。

图 3-1-80　设置动画开始时间

第六步：设置动画的方向。接着在"方向"下拉列表中选择"缩小"选项，如图 3-1-81 所示。图片对象的动画圆形扩展即从中心向四周扩散。

第七步：设置动速度。在"速度"下拉列表中选择"慢速"选项，如图 3-1-82 所

图 3-1-81　设置动画方向

示，动画的速度分为"非常慢"、"慢速"、"中速"、"快速"和"非常快"等，用于控制动画过程的播放时间。

图 3-1-82　设置动画速度

第八步:播放动画效果。若用户需要在幻灯片窗格中查看动画效果,可在"自定义动画"任务窗格的下方,单击"播放"按钮,如图 3-1-83 所示。

图 3-1-83　查看播放效果

2. 对象"退出"动画

第一步:选择图片对象。同样,打开"广西名优桑蚕产品宣传画册"演示文稿中选中第 4 张幻灯片,然后选中图片对象,如图 3-1-84 所示。

图 3-1-84　选定第 4 张幻灯片

第二步：设置退动画效果。在"自定义动画"自定义动画"任务窗格中，单击"添加效果"按钮，在展开的下拉列表中选择"退出"如图 3-1-85 所示。设定过程与动画进入相同不再赘述。

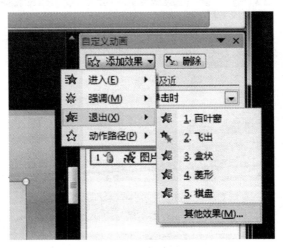

图 3-1-85 设定退出效果

四、播放"广西名优桑蚕产品宣传画册"演示文稿

制作演示文稿的目的就是为了演示和放映。也就是说放映幻灯片是制作PowerPoint 2007 的最终目的。我们制作此画册最终也是把它通过投影机、电脑等多媒体设备投播出来，达到宣传产品的目的。因此我们现在对"D:\桑蚕\广西名优桑蚕产品宣传画册"演示文稿进行必要的放映设置。

打开"D:\桑蚕\广西名优桑蚕产品宣传画册"演示文稿，切换至"幻灯片放映"选项卡，在"设置"组中单击"设置幻灯片放映"按钮。如图 3-1-86 所示。

设置放映类型与放映幻灯片。弹出"设置放映方式"对话框，在"放映类型"选项组中选择"展台浏览方式"单选按钮，在"放映幻灯片"选项中设置放映幻灯片从 1 到 11，如图 3-1-87 所示。

设置放映选项与换片方式。在"放映选项"选项组中勾选"循环放映，按 ESC 键终止"复选框，在"换片方式"选项组中选择"如果存在排练时间，则使用它"单选按钮，如图所示。

这样我们的"广西名优桑蚕产品宣传画册"演示文稿基本上就做好了。可以通过幻灯片放映菜单开始放映幻灯片选项卡播放，如图 3-1-88。

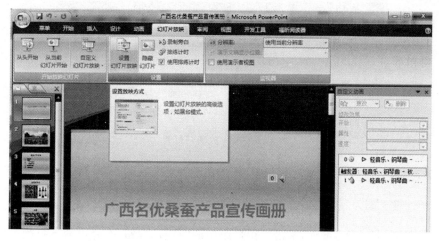

图 3-1-86　进入设置幻灯片放映设置

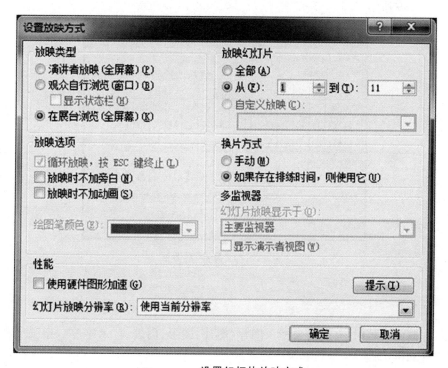

图 3-1-87　设置幻灯片放映方式

图 3-1-88　放映幻灯片

【知识拓展】

一、在 Office 文档中加入特殊符号

切换到"插入"选项卡，单击"符号"组中的"符号"按钮，在弹出的下拉列表中选择"其他符号"命令，打开"符号"对话框，选择要插入的符号，最后单击"插入"按钮，如图 3-1-89 所示。

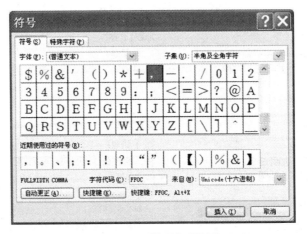

图 3-1-89　"符号"对话框

二、在 Office 文档中插入图片和艺术字

在制作文档时，有时需要插入图片（图片、图形、图表、艺术字等），增强文档的可视性和可读性。

先将光标定位在要插入图片的位置，然后切换到"插入"选项卡，单击"插图"组中的"图片"按钮，打开"插入图片"对话框，如图 3-1-90 所示，查找到要插入的图片,最后单击"插入"按钮即可。

图 3-1-90　**"插入图片"对话框**

图片插入到文档后,还需要进行设置才能达到用户的需求,例如调整图片的大小、位置、颜色、在文档中的排列方式,以及为图片加边框等。

1. 调整图片大小

选定图片,将鼠标指针移至图片一角的控制手柄上,拖动鼠标调整图片到合适的大小。如果需精确设置图片尺寸,可在选定图片后切换到"图片工具"—"格式"选项卡,如图 3-1-91 所示,启动"大小"组对话框,设置图片的宽度和高度。

图 3-1-91　**"图片工具"—"格式"选项卡**

2. 调整图片位置

插入的图片与文字的环绕方式默认是嵌入型,要改变环绕方式,可切换到"图片工具"—"格式"选项卡,在"排列"组中单击"位置"按钮,在展开的"文字环绕"列表中选择图片在文档中的环绕方式。

3. 为图片加边框

选择图片,切换到"图片工具"—"格式"选项卡,单击"图片样式"组右侧的"图片边框"、"图片效果"按钮对图片加边框和应用其他边框效果。

二、添加边框和底纹

可以为某个单元格、行、列或整个表格添加边框和底纹。

选定表格或表格的一部分,切换到"表格工具"—"设计"选项卡"表格样式"组中,单击"底纹"按钮,如图 3-1-92 所示,在下拉列表中选择底纹颜色。

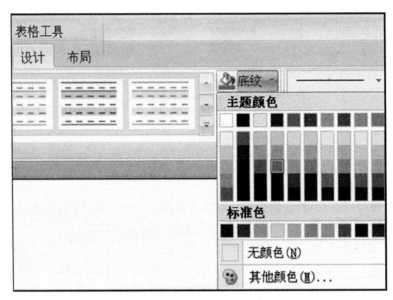

图 3-1-92　"底纹"按钮的下拉列表

单击"边框"下拉按钮,在下拉列表中选择相应的边框,也可直接单击"边框"按钮,打开"边框和底纹"对话框进行选择和设置,这与为文档添加边框和底纹的设置方法相同。

三、Excel 中行、列与单元格的基本操作

(一)插入行、列或单元格

在表格中选定插入位置下方的行、单元格或右方的列,在"开始"选项卡"单元格"组中单击插入按钮,打开下拉列表进行选择,如图 3-1-93 所示。

(二)删除行、列或单元格

选定要删除的行、列或单元格,在"开始"选项卡"单元格"组中单击删除按钮,打开下拉列表进行选择。

图 3-1-93　"开始"选项卡的"单元格"组

四、Excel 中录入数据

(一)文本型数字

选定该单元格,在"开始"选项卡"单元格"组中单击格式按钮打开"设置单元格格式"对话框,单击"数字"选项卡,选择"分类"中的"文本",如输入电话号码"03197306111"或邮政编码"054000"。

(二)连续几个数据相同

首先录入首个单元格内容,选定含首单元格的连续多个单元格,在"开始"选项卡"编辑"组中单击填充按钮,打开下拉列表进行选择后填充,如图 3-1-94 所示。

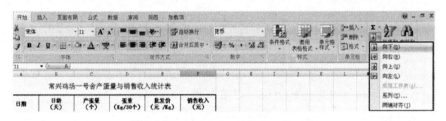

图 3-1-94　"编辑"组的填充下拉列表

(三)数据间有一定规律

首先录入首单元格内容,选定含首单元格的连续多个单元格,在"开始"选项卡"编辑"组中单击填充按钮打开下拉列表,选择"序列",打开"序列"对话框,如图 3-1-95 所示,设置序列类型和步长值、终止值,单击确定。

小提示

　　1. 输入分数 1/4:选定单元格,输入"0 1/4";

　　2. 填充柄的使用:鼠标指向选定单元格右下角黑色方块时,会变为实心"黑十字",此时称其为填充柄。拖动填充柄可实现复制等操作。

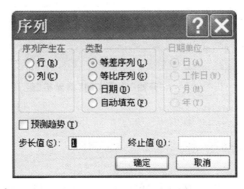

图 3-1-95 "序列"对话框

五、使用公式计算数值

公式是 Excel 的核心。使用公式,我们可以执行各种运算,而且当原始数据发生变化时,计算的结果也会随之改变。

(一)公式的使用方法

选定存放计算结果的单元格,先输入"=",再键入表达式,【Enter】确定。一般地,公式包括运算符、单元格引用的位置、数值、工作表函数及名字。

(二)运算符

运算符用于指定对操作数或单元格引用数据执行何种运算,分为算术运算符、文本运算符和比较运算符三种。如+ - * / % ∧ <> =等。

> **小提示**
>
> 1. 公式必须以"="开头;
> 2. 公式通常是由加、减、乘、除等运算符把单元格地址连接起来的关系式,最后只显示计算结果。

(三)公式应用举例

如图 3-1-96,在文档 Book1 对应单元格中输入以上果汁原料采购信息。其中 D8 单元格为三个批次采购数量的总和,计算方法为 D5+D6+D7,在 Excel 中可以运用 SUM()函数求得。F9 单元格为出汁量,计算公式为总采购量乘出汁率。

点击 D8 单元格,在编辑栏中输入"=sum(D5:D7)"回车,如图 3-1-97 所示。其中"="表示公式开始,"SUM()"为求和函数,作用是求得指定区域单元格中

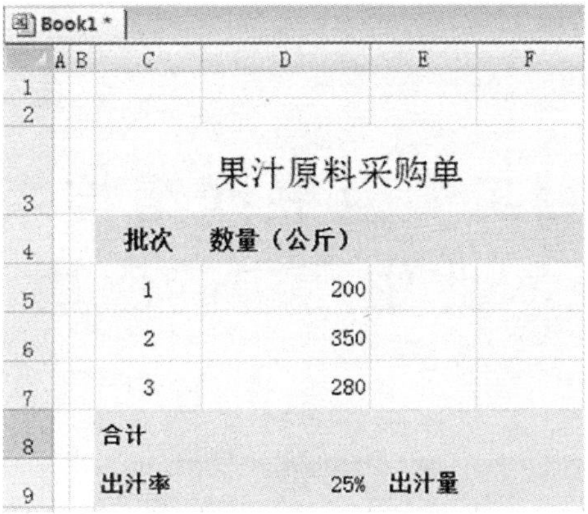

图 3-1-96 果汁原料采购单

所有数值的总和,"D5:D7"表示从 D5 至 D7 的单元格位置,相当于"＝D5＋D6＋D7",求和结果为 830。

点击 F9 单元格,在编辑栏中输入"＝D8 * D9"回车,如图 3-1-98。尝试更改 D5、D6 或 D7 中的值,会发现 D8 和 F9 中的计算结果会随之发生变化。

图 3-1-97 计算合计值

图 3-1-98 计算出汁量

项目思考与练习

1. 设计并制作一份 2014 年生产管理总结报告。

2. 参照去年的生产资料投入记录,根据今年的预期产量利用 Excel 工具对今年的生产效益进行估算。

3. 试为当地某名优农产品制作一个适于农销会现场演示的多媒体文稿。

项目二　互联网络技术在农业生产中的应用

【项目学习目标】

通过本项目练习应该掌握：

1. 掌握电脑等电子设备接入互联网的方法与步骤；
2. 熟练浏览与检索农业信息；
3. 掌握 QQ、微信、电子邮件等工具的使用；
4. 熟练使用网络论坛。

【项目任务描述】

　　本项目分连接互联网、浏览农业信息、检索农业信息、使用网络通信和使用农业技术论坛五个任务。通过本项目任务的实践与练习，使学员一能掌握电脑等电子设备接入互联网的方法、步骤及 QQ、微信、电子邮件等工具的使用；二能熟练浏览与检索农业信息、使用网络论坛，并以此增强学员观察分析、信息检索与沟通协作的职业岗位能力。

任务一　连接互联网

【任务目标】

　　网络是信息的海洋，当我们在农业生产上遇到问题时，我们如何利用电脑查找到相关的解决方法，当我们渴望了解农业生产的新技术时，我们又怎样利用电脑去学习？这一切都得从把我们的电脑联入互联网络开始。通过此任务的练习，我们会掌握把电脑联入互联网的基本方法和步骤，以及配置路由器等技能。

【知识准备】

　　WiFi，是一种可以将个人电脑、手持设备（如 Pad、手机）等终端以无线方式互相连接的技术，有了 WiFi 我们就可以再也不受网线的羁绊，可以用随意的姿态体验互联网带给我们的精彩和便利。

　　外置的调制解调器，英文为 Modem，人们通常亲昵地称之为"猫"。它是在发送端通过调制将数字信号转换为模拟信号，而在接收端通过解调再将模拟信号转换为数字信号的一种装置。我们要连入互联网就需准备一台外置的调制解调器，其两端分别与电话线或光纤与电脑相联。

　　ISP（Internet Service Provider），互联网服务提供商，即向广大用户提供互联网接入业务、信息业务、和增值业务的电信运营商，是网络最终用户进入 Internet 的入口和桥梁。中国电信、中国移动、中国联通均能为我们提供各类网络接入服务。

　　任务设计与实施

【任务设计】

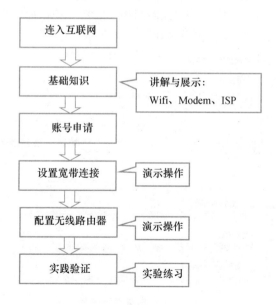

【任务实施】

一、完成电脑与互联网的连接

对于家庭来说,我们联网所需的硬件有:微机一台(目前的微机一般都自带集成网卡);需要无线 WiFi 的话,还需要购置一台无线路由器;两端连接好 RJ45 水晶头的网线一根。

这些基本硬件准备好后,我们就可以按照以下顺序进行了。

先要做好相应的准备工作。

(1)申请宽带账号,就是去相关营业厅办理宽带入网手续。根据自己所在地的网络覆盖情况,选择如电信、网通、联通、移动等。原则上,要选择网络信号稳定的运营商。同时,根据自己实际情况,选择合适的带宽,如 2M、10M 等。当然,带宽越大,网速会越快。

(2)工作人员会将户外线路连好,也会将入户线与"猫"(外置的调制解调器)和电脑连接好。

(3)启动电脑。再进行一系列的设置电脑才能联入互联网,接下来就以 Windows 7 系统为例,我们一起来完成。

①在 Windows 7 系统中设置宽带连接,此方法为不安装无线路由器时的网络连接方法。通过"开始"菜单,进入"控制面板"—"所有控制面板项"—"网络和共享中心",点击"设置新的连接或网络"如图 3-2-1 所示。

图 3-2-1　创建宽带连接

　　出现"设置或连接网络"对话框，选择"连接到 Internet"，点击"下一步"，如图 3-2-2。

图 3-2-2　创建宽带连接

　　如果你的电脑曾经联入过网络则选择"否，创建新连接"，点击"下一步"，如图 3-2-3。

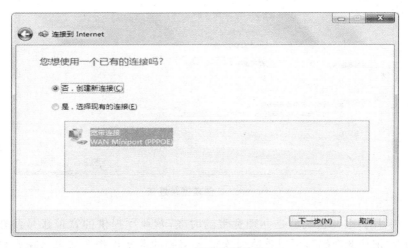

图 3-2-3　创建宽带连接

出现下图 3-2-4，鼠标左键点击选择"宽带（PPPoE）（R）"。

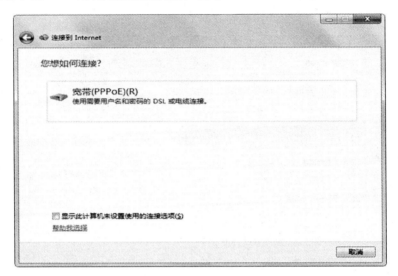

图 3-2-4　创建宽带连接

在出现的对话框内，根据提示，填写相关账号和登录密码（图 3-2-5）。

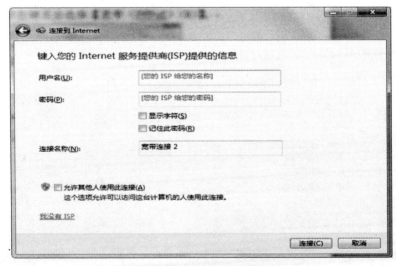

图 3-2-5　创建宽带连接

其中，用户名和密码就是办理宽带的时候，营业厅提供的宽带账号及登录密码。勾选"记住此密码"，可以省略每次输入密码的重复操作。如果是家庭自己使用的宽带,可以在"显示字符"前方框内鼠标左键点击选择,这样可以显示出账号和密码。但是,为了账号的安全起见,一般不去选择该项。在"连接名称"一栏,可以自己随意命名,也可以默认不更改。然后点击"连接"。

到这里创建宽带连接就基本结束了,如果上面输入了正确的上网账号以及网线与猫等设备连接没问题的话,就可以登录上互联网了。不过这里建议大家再创建一个拨号上网的快捷方式到桌面上,因为每次开机都要进入控制面板的网络连接,找到拨号上网很麻烦。创建一个快捷方式在桌面上即可每次开机点击快捷方式就可以拨号上网了。

创建 Windows 7 宽带连接拨号快捷方式方法很简单,详情如下图 3-2-6:

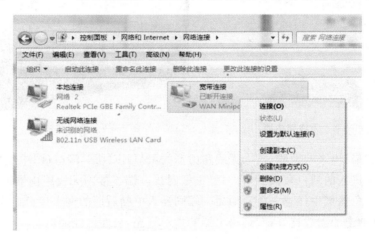

图 3-2-6 **创建快捷方式**

在已经创建好的"宽带连接"上点右键,选择"创建快捷方式",这时候会提示"无法在当前位置创建快捷方式,是否要把快捷方式放在桌面吗?"点击"是"。这时桌面就会创建一个宽带连接的快捷方式(图 3-2-7)。

在每次登录宽带的时候,只要点击桌面上的"宽带连接"快捷键,点击"连接",就可以上网了。

②如果需要使用无线 WiFi,那么就需要在现有的宽带基础上,添加一个无线路由器如图 3-2-8。这样,就可以实现拥有无线 WiFi 了,智能手机、平板等,就可以实现用无线 WiFi 上网了。

图 3-2-7 **快捷方式**

二、设置无线路由器

首先需要明白什么是无线路由器,无线网络路由器是一种用来连接有线和无线网络的通信设备,它可以通过 WiFi 技术收发无线信号来与个人数码产品和笔记本等设备通信。购买了无线路由器后,就可以进行设置了。

(一)需要将硬件连接起来

如图 3-2-9 所示为无线路由器背面。

图 3-2-8　无线路由器　　　　　　　图 3-2-9　无线路由器

将从"猫"出来的网线,插入无线路由器的 INTERNET 端口(图中灰色端口所示,是信号进入的端口);然后,再用另一根网线一端连接到无线路由器的 LAN 端口(图中蓝色区域中任意一个),而另一端则插入电脑后面的网卡接口。同时,将无线路由器的电源连线连好,看到路由器的指示灯亮,表面已经通电。

(二)软件设置

打开 IE 浏览器,在地址栏内,输入说明书上提示的主页地址(图 3-2-10),通常为"http://192.168.1.1"

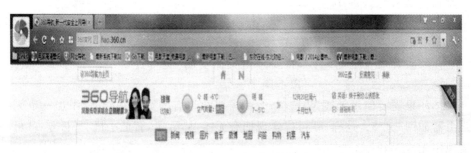

图 3-2-10　浏览器地址栏

按【Enter】键,进入无线路由器的登录界面(图 3-2-11)。

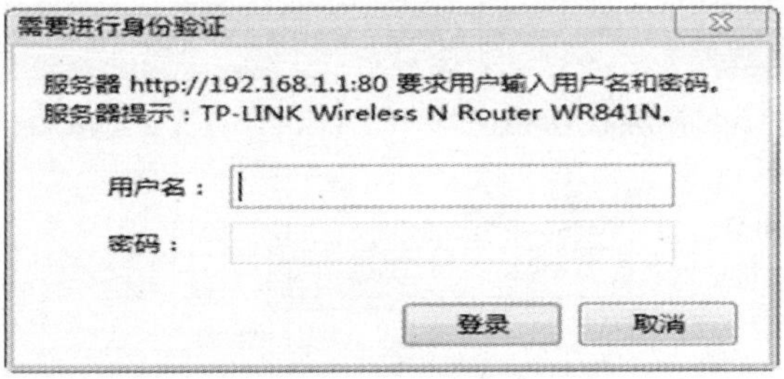

图 3-2-11　路由器登录界面

　　出现要求用户名和密码，按照购买的无线路由器的介绍（一般路由器的背面即可看到），按要求输入即可。

　　出现无线路由器的设置向导，按要求依次设置（图 3-2-12）。鼠标左键点击"下一步"，出现"设置向导"—"上网方式"点击"PPPOE（ADSL 虚拟拨号）"，然后点击"下一步"（图 3-2-13）。

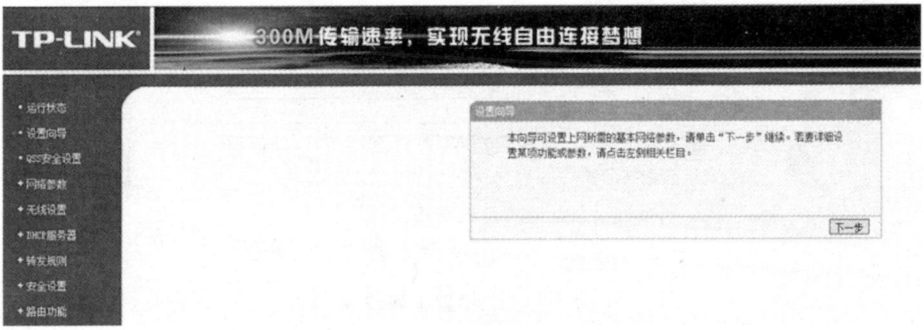

图 3-2-12　路由器设置向导

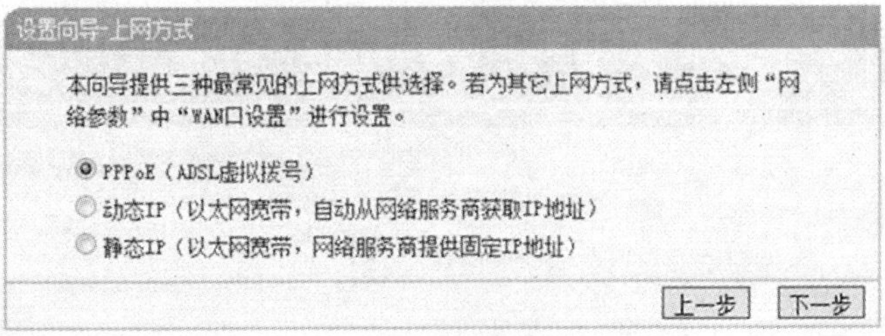

图 3-2-13　设置上网方式

　　出现如图 3-2-14 对话框，在"上网账号"中输入办理宽带时得到的宽带账号，"上网口令"中输入宽带密码，"确认口令"中重复输入宽带密码，点击"下一步"。

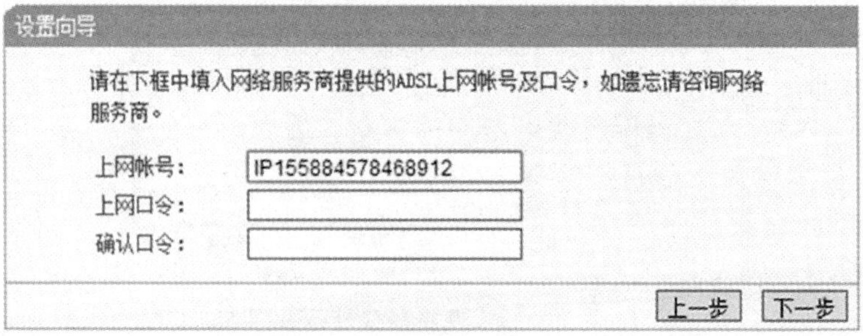

图 3-2-14　设置上网账号及密码

　　出现如图 3-2-15 所示,在 WPA－PSK 密码处,设置该路由器无线 WiFi 的密码,用于保证无线 WiFi 的使用安全。密码设置完成后点击"下一步"。

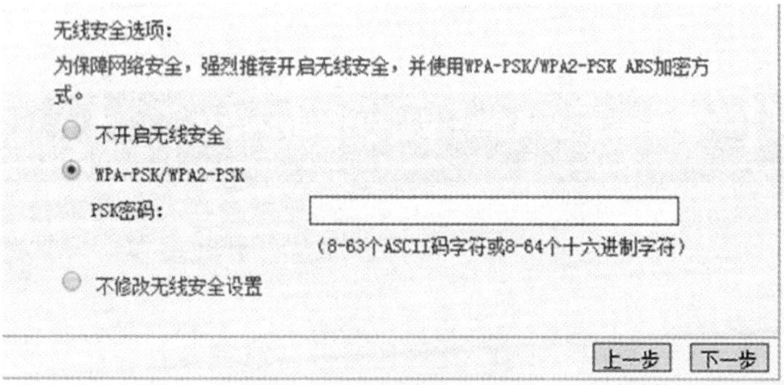

图 3-2-15　设置上网口令

　　出现下图 3-2-16 提示,点击"重启路由器"。

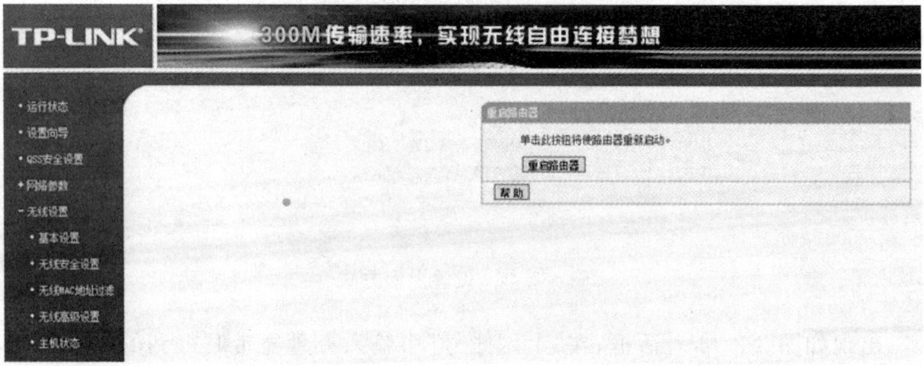

图 3-2-16　路由器重启

　　重启后,即可正常上网。此时,无线 WiFi 就设置好了。不过此时无线网络的名称是系统默认名称,以所购买路由器产品名称为名,如 TP-LINK 等。如果想改成按自己需要设置的名称时,可做以下操作:

　　在路由器的主页面左侧点击"无线设置",点击"基本设置",出现图 3-2-17 所示,然后再"SSID 号"内,输入自己命名的名称,例如"YOUWUXIAN"点击保存,然后重启路由即可(图 3-2-18)。

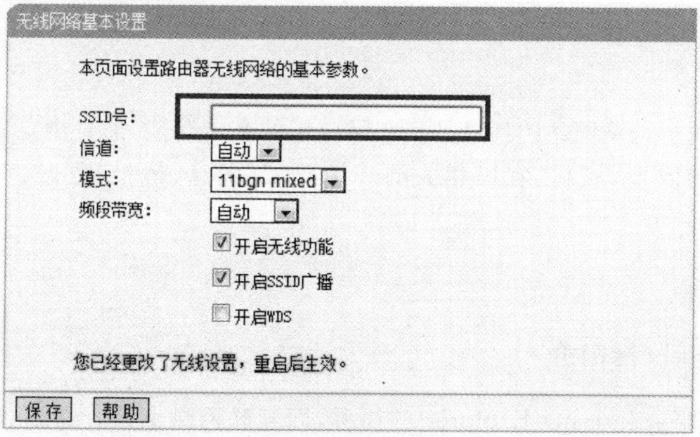

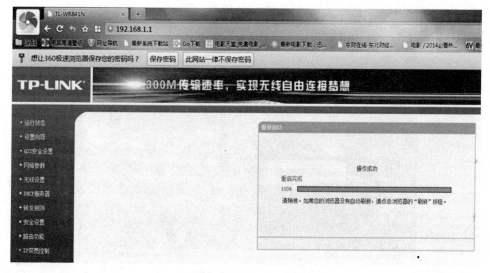

图 3-2-17　设置 SSID 号

图 3-2-18　设置完成

用户可以通过智能手机、笔记本等自动搜索无线信号，当搜索列表内出现所设置的用户名"YOUWUXIAN"时候，选中后点击"连接"，输入设置的登录密码，连接完成，然后就可以享受无线网络给您带来的快乐。

任务二　浏览农业信息

【任务目标】

使用浏览器浏览网站的信息是互联网应用的基本功能，通过浏览器人们可以方便地获取与农业、农村、农民相关的一切政策、消息、情报、数据、资料等网络资源。

【知识准备】

一、IE 浏览器简介

IE 浏览器是 Internet Explorer 的简称，即互联网浏览器。它是 Windows 系统自带的浏览器，其作用通俗地讲就是上网查看网页。

直接双击电脑桌面上的 IE 图标，如图 3-2-19 所示，运行开浏览器并自动打开默认主页如图 3-2-20 所示。IE 浏览器由一体框、菜单栏、网站锁定、浏览区、状态栏等主要部件组成。

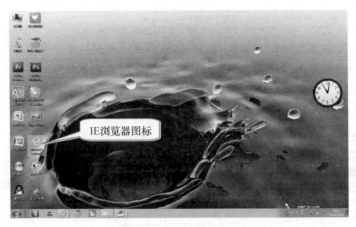

图 3-2-19　IE 浏览器图标

图 3-2-20　认识 IE 浏览器

二、使用 IE 浏览器

假如河北永年县一位蔬菜种植户需要从网上得知近期天气状况，以便安排蔬菜大棚的管理工作。那么他可以打开 IE 浏览器，在一体栏中输入"邯郸农业信息网站"，然后按键盘上的【Enter】键或者用鼠标单击一体框后面的"转到"就可以进入邯郸农业信息网的页面，如图 3-2-21 所示。单击页面上有关天气后面的详细二字就可打开图 3-2-22 所示窗口，这样邯郸市及各县 7 天内的天气都可查阅。

图 3-2-21　邯郸农业信息网

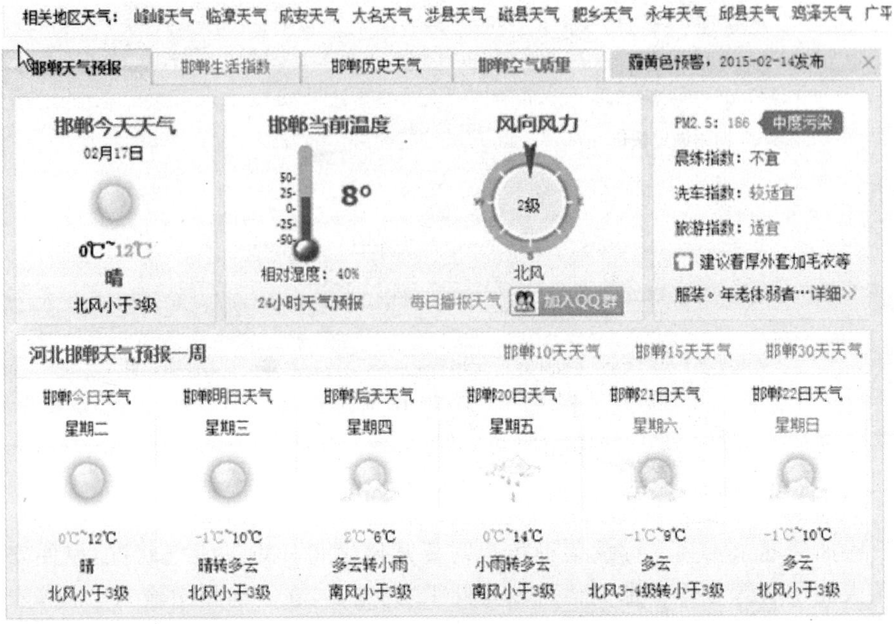

相关地区天气：峰峰天气　临漳天气　成安天气　大名天气　涉县天气　磁县天气　肥乡天气　永年天气　邱县天气　鸡泽天气　广平

图 3-2-22　天气查询窗口

(一)使用超链接浏览 WEB 站点

在页面上,若把鼠标指针指向某一文字(通常带有下划线)或者某一图片,鼠标指针变成手形,表明此处是一个超级链接。在上面单击鼠标,浏览器将显示出该超级链接指向的网页。如图 3-2-23 所示,单击"农业技术"就跳转到邯郸农业信息网的"农业技术"栏目,可以浏览相应的内容。

图 3-2-23　超链接

(二)锁定栏的使用

在打开浏览器后,使用锁定栏可以快速浏览到自己经常使用的网页。比如我想要快速浏览到邯郸农业信息网,在打开邯郸农业信息网页后,如图 3-2-24 所示,单击"添加到收藏夹"按钮,就会把当前打开的邯郸农业信息网站锁定在锁定栏,通过点击锁定栏中的网站,可以直接到达喜欢的网站,不必再在地址栏中输入"邯郸农业信息网"的网址。

图 3-2-24 锁定某网页

任务设计与实施

【任务设计】

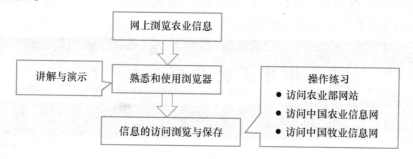

【任务实施】

中国访问量比较大的农业类网站简介。

一、中华人民共和国农业部网站(www. moa. gov. cn)

网站简介:中华人民共和国农业部网站(www. moa. gov. cn)——是中华人民共和国农业部官方网站,1996 年建成。目前,农业部网站包括中文简体、中文繁体和英文三种版本,具备新闻宣传、政务公开、网上办事、公众互动和综合信息服务功能,成为具有权威性和广泛影响的中国国家农业综合门户网站。网站由中华人民共和国农业部信息中心承办。

（一）启动 IE 浏览器

在地址栏中输入网址"www.agri.gov.cn"，如图 3-2-25 所示，按【Enter】键即可进入"中华人民共和国农业部网站"官方网站，如图 3-2-26 所示。

图 3-2-25　地址栏

小提示

我们可以将最常用的网页设为主页，启动 IE 浏览器时就会自动打开这个默认页面。其方法为：在 IE 浏览器窗口单击"工具"—"Internet 选项"—在"地址"右侧文本框输入默认页面的网址—"使用当前页"—"确定"。

（二）阅读农业部发布的通知公告

单击超链接【通知公告】，打开"通知公告"页面，如图 3-2-26，我们可以阅读农业部最新发布的部令、公告、通知和公报。

图 3-2-26　中华人民共和国农业部网站通知公告页面

（三）浏览国家的政策法规

单击超链接"法规政策"，打开"法规政策"页面，如图 3-2-27，我们可以了解国务院、农业部以及其他部门的涉农规定政策。

图 3-2-27　政策法规页面

（四）了解农产品市场动态

单击超链接"监测预警"，打开如图 3-2-28 页面，我们可以了解最新农产品国内国际价格动态。

（五）了解其他涉农信息

单击其他栏目的超链接，可以打开相应板块，阅读相关信息。

（六）保存网页

当看到重要信息时，我们可以保存在我们的计算机中。如在"通知"栏目下单击"农业部办公厅关于召开全国农业科技教育工作会议的通知"超链接打开如图 3-2-29 的页面，单击"文件"菜单中的"另存为"弹出"保存网页"对话框，如图 3-2-30 所示。指定网页保存的位置和名称，然后单击"保存"。还可以下载本网页上的"下载文件"后面的几个附件，如图 3-2-31 所示。

图 3-2-28　监测预警页面

图 3-2-29　信息页面

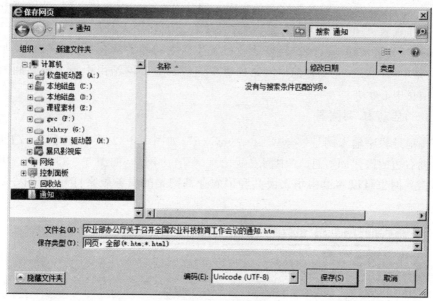

图 3-2-30 页面保存

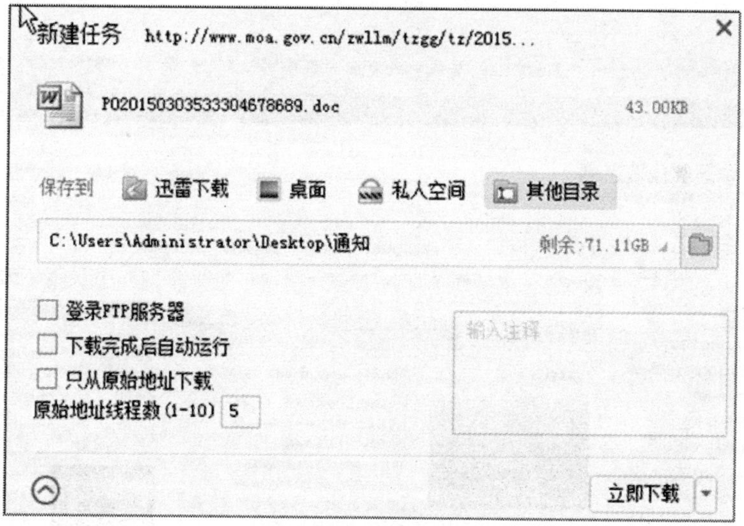

图 3-2-31 附件下载

二、中国农业信息网(www. agri. gov. cn)

网站简介:当前,农业部网站分政务版和服务版两大版块。农业部服务版网站

（www. agri. gov. cn），即农业综合信息服务网站——中国农业信息网，沿用原中农网名称和域名，1996 年建成，主要为农户、涉农企业和广大社会用户，提供分行业（分品种）、分区域的与其生产经营活动以及生活密切相关的各类资讯信息及业务服务，是中国国家农业综合门户网站的重要组成部分。网站由中华人民共和国农业部信息中心承办。

（一）启动 IE 浏览器

在地址栏中输入网址"www. agri. gov. cn"，如图 3-2-32 所示，按【Enter】键或地址栏右边的按钮即可进入"中国农业信息网"官方网站，如图 3-2-33 所示。中国农业信息网也可以通过中华人民共和国农业部网站的服务版来打开，如图 3-2-34 所示。

图 3-2-32　在地址栏输入网址

图 3-2-33　中国农业信息网

图 3-2-34　服务版导航

(二)进入"一站通 商机服务"

"一站通"为广大农产品供应商和采购商提供网上交易服务。如图 3-2-35 所示。

图 3-2-35　一站通商机服务

(三)注册会员

单击"注册",打开用户注册页面,如图 3-2-36 所示,按提示填写注册信息一等待审核—通过审核后即注册成功。

图 3-2-36　注册网站通行证

三、登录"中国畜牧业信息网",学习畜牧业专业技术

（一）启动 IE 浏览器

登录互联网后,双击桌面上的 IE 图标,打开 IE 浏览器。

（二）进入"中国畜牧业信息网"

在地址栏中输入网址"www. caaa. cn",按【Enter】键即可进入"中国畜牧业信息网",如图 3-2-37 所示

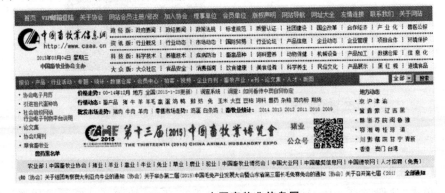

图 3-2-37　中国畜牧业信息网

（三）了解畜禽养殖技术

单击"养殖技术"，即可了解综合养殖技术以及猪、牛、鸡、鸭、羊等的养殖技术。如图 3-2-38 所示。

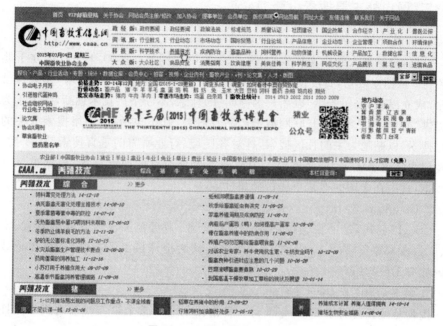

图 3-2-38　**养殖技术信息页面**

任务三　检索农业信息

【任务目标】

学习通过搜索引擎工具快速地在浩如烟海的 Internet 资源中检索到适用的农业信息，掌握利用农业信息服务网站集中获取农业信息的方法。

【知识准备】

一、搜索引擎简介

搜索引擎（search engines）是对互联网上的信息资源进行搜集整理，然后提供查询服务功能的系统。它是一个为你提供信息"检索"服务的网站，它使用某些程序把因特网上的所有信息归类以帮助人们在茫茫网海中搜寻到所需要的信息。

二、国内外主要搜索引擎简介

1. 百度（http：// www. baidu. com）

百度，全球最大的中文搜索引擎、最大的中文网站。2000 年 1 月创立于北京中关村。从创立之初，百度便将"让人们最便捷地获取信息，找到所求"作为自己的使命，成立以来，公司秉承"以用户为导向"的理念，不断坚持技术创新，致力于为用户提供"简单，可依赖"的互联网搜索产品及服务，其中包括：以网络搜索为主的功能性搜索，以贴吧为主的社区搜索，针对各区域、行业所需的垂直搜索，Mp3 搜索，以及门户频道、IM 等，全面覆盖了中文网络世界所有的搜索需求，根据第三方权威数据，百度在中国的搜索市场份额超过 80%。

2. Google 谷歌（http：// www. google. com. hk/ ）

Google 公司，是一家美国的跨国科技企业，业务范围涵盖互联网搜索、云计算、广告技术等领域，Google 是第一个被公认为全球最大的搜索引擎，在全球范围内拥有无数的用户。

3. 搜狗（http：// www. sogou. com/）

搜狗是搜狐公司于 2004 年 8 月 3 日推出的全球首个第三代互动式中文搜索引擎。搜狗宣称可为用户提供最快、最准、最全的搜索服务。

4. SOSO 搜搜（http：// www. soso. com/）

搜搜是腾讯旗下的搜索网站，是腾讯主要的业务单元之一。网站于 2006 年 3 月正式发布并开始运营。2013 年 9 月 16 日腾讯宣布以 4.48 亿美元战略入股搜狗。

三、比较有名的农业类网站

我国访问量较高的农业类网站有：中华人民共和国农业部网、中国农业信息网、新农网、中国农业新闻网、猪 e 网、猪价格网、中国禽病网、中国水产养殖网、中国农业网、金农网、中国养殖网、农博网、中国园林网 、中国畜牧业信息网、葡萄网、中国饲料行业信息网、365 农业网、中国农业搜索、中国种植技术网、中国无土栽培技术网、兽医网等。

任务设计与实施

【任务设计】

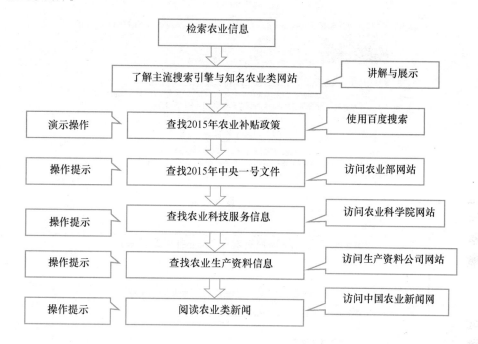

【任务实施】

在 Internet 上有许多有价值的农业信息,同样也有些垃圾信息,通过搜索引擎可快速检索我们想要得到的农业信息,比如农业资源信息、农业政策信息、农业科技信息、农业生产信息、农业教育信息、农产品市场信息、农业经济信息、农业人才信息等。

一、通过搜索引擎查找农业政策信息

(一)启动 IE 浏览器

双击桌面上的 IE 图标,打开 IE 浏览器。

(二)查找"2015 年农业补贴政策"

在百度信息搜索框中输入"2015 年农业补贴政策"后,页面中就显示出了相关的信息,如图 3-2-39 所示。点击如图 3-2-39 所示的"小手"链接处,就打开了相关的页面,如图 3-2-40 所示。

2015年中国农业补贴政策大全

2015农业补贴政策大全_中国板报网

2015年1月21日 - 2015农业补贴政策大全.编者语:2015年,国家对农业、农村、农民的政策有非常多的政策,为便于各位朋友把握政策导向,小编特收集整理2015农业补贴政策大全。1...
www.cnbanbao.cn/specia... 2015-01-21 ▾

2015年农业补贴项目有哪些农业补贴政策有哪些_百度文库
2015年农业补贴项目有哪些农业补贴政策有哪... 城乡/...台的农业补贴项目、农业补贴政策措施大全。1.种粮直...力争 国家开发银行、中国农业发展银行今年对示范区...
wenku.baidu.com/link?u... 2015-02-13 ▾ - 百度快照 - 84%好评

2015年农业项目补贴大全-中国饲料行业信息网-立足饲料,服务畜牧
2014年11月20日 - 另附2014农业补贴政策,供大家了解,虽然有的时间已过,仍可关注2015年的... 标注"本站原创"的信息为中国饲料行业信息网原创信息,未经本网的明确...
www.feedtrade.com.cn/t... 2014-11-20 ▾ - 百度快照 - 82%好评

图 3-2-39　百度搜索

2015 年农业补贴项目有哪些?农业补贴政策有哪些?

2015 年国家深化农村改革、支持粮食生产、促进农民增收最新出台的农业补贴项目、农业补贴政策措施大全。

1. 种粮直补政策

中央财政将继续实行种粮农民直接补贴,补贴资金原则上要求发放给从事粮食生产的农民,具体由各省级人民政府根据实际情况确定。2014 年 1 月份,中央财政已向各省(区、市)预拨 2015 年种粮直补资金 151 亿元。

2. 农资综合补贴政策

2015 年 1 月份,中央财政已向各省(区、市)预拨种农资综合补贴资金 1071 亿元。

3. 良种补贴政策

图 3-2-40　农业补贴政策

二、使用农业信息服务网站获取信息

(一)查找 2015 年中央一号文件

1. 启动 IE 浏览器

双击桌面上的 IE 图标,打开 IE 浏览器。

2. 搜索中华人民共和国农业部网站

在一体栏中输入"中华人民共和国农业部",按【Enter】键,得到如图 3-2-41 所示结果。

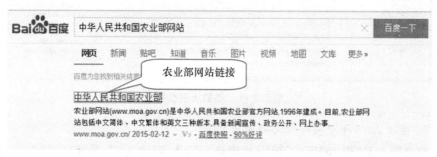

图 3-2-41　**百度搜索**

3. 打开中华人民共和国农业部网站

单击图 3-2-41 所示的链接,打开中华人民共和国农业部网站,如图 3-2-42 所示。

图 3-2-42　**农业部网站**

4. 查找相关的农业政策法规

单击图 3-2-42 所示的"法规政策"链接处打开相关的法规政策,如图 3-2-43 所示。

图 3-2-43　政策法规栏目

5. 阅读 2015 年中央一号文件的内容

单击图 3-2-43 中的链接"2015 年中央一号文件(全文)",即可打开"2015 年中央一号文件"的详细内容,如图 3-2-44 所示。

图 3-2-44

小提示

　　由各级政府部门建立的网站政策性、权威性强，可帮助农民及时了解农业政策信息。

(二)查找大棚草莓的种植与管理技术资料

1. 启动 IE 浏览器

双击桌面上的 IE 图标，打开 IE 浏览器。

2. 搜索中国农业科学院网站

在一体栏中输入"中国农业科学院"，按【Enter】，得到如图 3-2-45 所示结果。

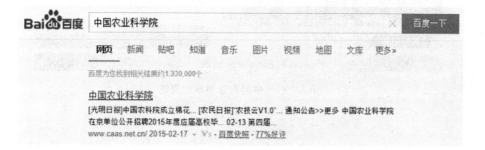

图 3-2-45 **百度搜索**

3. 打开中国农业科学院网站

单击图 3-2-45 所示的链接，打中国农业科学院网站，如图 3-2-46 所示。

4. 查找大棚草莓的相关知识

单击图 3-2-46 所示的"全文搜索"链接处打开相关搜索页面，如图 3-2-47 所示。在搜索框中输入"大棚草莓"，然后单击搜索打开图 3-2-48 所示窗口，有关大棚草莓的内容就搜索出来了，然后根据自己的需要来进行阅读。

5. 通过中国农业科学院首页的"农业科技信息"—"农技百科"进行查找

单击图 3-2-46 中的农技百科，打开图 3-2-49 所示的窗口，找到有关草莓管理的知识来进行阅读。打开标题为"异常天气大棚草莓管理方案"，内容如图 3-2-50 所示。

图 3-2-46　中国农业科学院网站

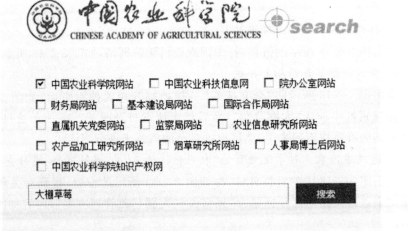

图 3-2-47　资料检索

图 3-2-48　技术资料

图 3-2-49

图 3-2-50 资料信息

(三)查找农业生产资料信息

1. 启动 IE 浏览器

双击桌面上的 IE 图标,打开 IE 浏览器。

2. 搜索河北省农业生产资料公司的网站

在一体栏中输入"河北省农业生产资料公司网站",按【Enter】键,得到如图 3-2-51 所示结果。

图 3-2-51 信息搜索

　　3. 打开河北省农业生产资料公司的网站

　　单击图 3-2-51 所示的链接，打河北省农业生产资料公司的网站，如图 3-2-52 所示。

小提示

　　农业企业创办的网站。这些网站主要为企业自身宣传服务，可以在这里了解到最新的农资和农产品市场信息。

　　4. 查找农业生产资料信息

　　单击图 3-2-52 所示的"商品信息"链接处打开相关搜索页面，如图 3-2-53 所示。

图 3-2-52　河北省农资网

（四）阅读农业新闻

1. 启动 IE 浏览器

双击桌面上的 IE 图标，打开 IE 浏览器。

图 3-2-53 生产资料信息

2. 搜索中国农业新闻网的网站

在一体栏中输入"中国农业新闻网",按【Enter】键,得到如图 3-2-54 所示结果。

图 3-2-54 百度搜索

3. 打开中国农业新闻网的网站

单击图 3-2-54 所示的链接"中国农业新闻网",打开中国农业新闻网的网站,如图 3-2-55 所示。

图 3-2-55　中国农业新闻网

任务四　使用网络通信

【任务目标】

网络不仅让我们获取新知识、新技术，它更是一个用于通信的好工具。当在农业生产上遇到难题时，我们是不是很想与远在异地的专家取得联系获得帮助呢？网络可以帮助你实现！我们可以通过上网与专家视频交谈，仿佛就在面对面地聊天，无论我们相处多远，网络可以使我们感觉近在咫尺，手把手地传授经验。本任务需要掌握电子邮件、腾讯 QQ、微信等工具的使用。

【知识准备】

腾讯 QQ　简称"QQ"，是腾讯公司开发的一款用于网络上的即时通信软件。腾讯 QQ 支持在线聊天、视频电话、共享文件、网络硬盘、QQ 邮箱等多种功能，并可与移动通信终端等多种通信方式相连。标志是一只戴着红色围巾的小企鹅。

电子邮件　简称 E-mail，又称电子邮箱、电子信箱等，指用电子手段传送信件、单据、资料等信息的通信方法。通过网络的电子邮件系统，用户可以用非常低廉的价格、以非常快速的方式，与世界上任何一个角落的网络用户联系，这些电子邮件可以是文字、图像、声音等各种方式。电子邮件地址的格式由三部分组成。第一部分"USER"代表用户信箱的账号,对于同一个邮件接收服务器来说,这个账号必须是唯一的;第二部分"@"是分隔符;第三部分是用户信箱的邮件接收服务器域名,用以标志其所在的位置。如用 QQ 号作为邮箱的话,就是:"QQ 号码"+"@qq. com"。

微信　随着科技的进步,有些人更多地习惯使用智能手机这样便携的电子产品。利用无线 WiFi,就可以很方便地在这些设备上使用上述通信软件。微信(wechat)是腾讯公司于 2011 年 1 月 21 日推出的一款通过网络快速发送语音短信、视频和文字,支持多人群聊的手机聊天软件。微信提供公众平台、朋友圈、消息推送等功能,用户可以通过"摇一摇"、"搜索号码"、"附近的人"、"扫二维码"等方式添加好友和关注公众平台。

任务设计与实施

【任务设计】

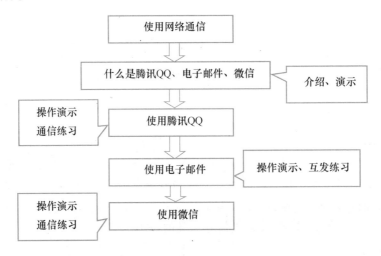

【任务实施】

一、在台式电脑上应用的通讯软件,主要有腾讯 QQ、电子邮件等

1. 腾讯 QQ

利用腾讯 QQ,我们可以和其他好友、同学等在线聊天,并且可以视频聊天,当然前提是你需要一个 QQ 账号。

免费申请注册 QQ 账号步骤如下:

第一步 登录 QQ 号码注册网址：http：// zc. qq. com/，或者 QQ 登录界面中点击"注册账号"，进行申请 QQ 账号，如图 3-2-57 所示。

第二步 进入注册页面，如图 3-2-58，在页面左边选择 QQ 账号注册，按要求填写相关资料，如密码、生日、所在地等，点击"立即注册"。

图 3-2-56 腾讯 QQ 图标

图 3-2-57 QQ 登录

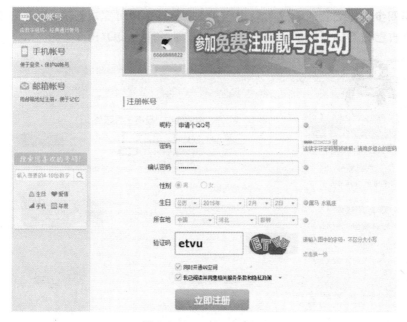

图 3-2-58 注册 QQ 账号

第三步 出现如图图 3-2-59 注册 QQ 账号所示,将本人手机号码输入,并点击"向此手机发送验证码",然后将手机得到的验证码输入到"验证码"一栏内,并点击"提交验证码"。

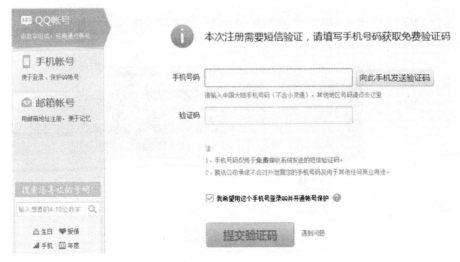

图 3-2-59 注册 QQ 账号

第四步 提交验证码成功后出现图 3-2-60 后,即可完成注册,你就有了一个属于你自己的 QQ 号码了。点击"登录 QQ"即可打开 QQ(图 3-2-61)。

图 3-2-60 注册 QQ 账号

图 3-2-61 **登录 QQ**

图 3-2-62 **QQ 界面**

现在注册腾讯 QQ,会直接将用于验证的手机号和你的账号捆绑,在需要输入号码的一栏内显示你用于注册的手机号码,这样大大方便了使用者记住账号。

点击【登录】,立即开始你的 QQ 之旅啦。

图 3-2-62QQ 界面中,点击最下面一栏里的"查找",出现图 3-2-63 对话框后,将好友的 QQ 账号直接输入到搜索栏内,点击"查找",就会出现该好友的头像,点击"加好友",进行验证后即可互相成为好友。

图 3-2-63 **查找好友**

随后,你就可以在 QQ 界面中,我的好友里找到新添加的好友,进行文字交流了。

如图 3-2-64 中,点击红色方框内的图标,可以分别进行"语音"和"视频"聊天,这样就可以和你的亲朋好友进行"面对面"的交流,可以向远在异地的专家进行咨询了,让我们感觉更加亲切! 同时,腾讯 QQ 还具有文件传输功能,QQ 好友可以相互之间进行文件的远程传递。这里说的文件可以一首歌、一个照片或一篇文章等。

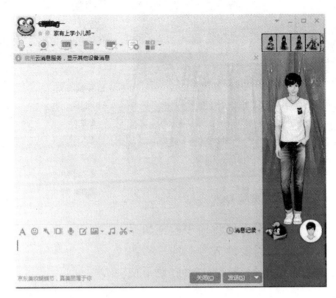

图 3-2-64　聊天界面

当然,腾讯 QQ 软件也可以在手机上使用,只要在你手机中下载该软件,就可以像在电脑中使用它一样,方便你随时随地和别人联系了。

温馨提示

自己申请账号时填写的资料,最好单独保存起来,如果遇到账号被盗等情况找回密码时会用到的。

2. 电子邮箱

电子邮箱有很多种,比如新浪、搜狐、网易、QQ 等。为了方便,我们就以 QQ 邮箱为例进行介绍。图 3-2-65 就是一个 QQ 邮箱的界面,和其他邮箱是一样的,他们的使用方法,也都一样。

使用邮箱前,要申请一个账号。我们先介绍如何申请邮箱。在拥有 QQ 账号的同时,就同时拥有了一个 QQ 邮箱。点击 QQ 界面上白色信封样式图标"邮箱",即可进入你的 QQ 邮箱。如果你需要使用别的邮箱,像网易、新浪等,那么需要先注册。以网易邮箱为例,打开浏览器,进入网易邮箱网页(http://mail.163.com/)。在图 3-2-66 中,点击"注册网易免费邮箱"。

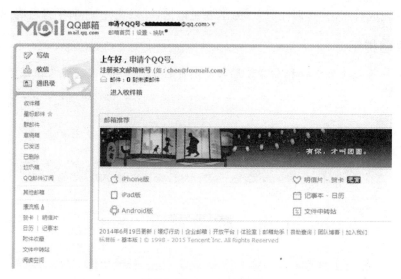

图 3-2-65　QQ 邮箱界面

图 3-2-66　网易邮箱

出现图 3-2-67 后，按照提示，将信息填写完整，在填写资料时尽量按照真实情况填写,完成后点击"立即注册"。为了方便记忆,可以选择"注册手机号码邮箱"。

温馨提示

邮箱的注册资料和 QQ 号码的注册资料一样重要,需要长久保存哦!

图 3-2-67　注册网易邮箱

　　注册成功后,就可以开始使用邮箱了。邮箱主要是方便文件传输,如文字资料、图片、声音、视频等。使用时,需要先登录邮箱。

　　如果使用 QQ 邮箱,那么可以先登录你的 QQ 号,然后直接进入到邮箱内,进行接收邮件、发送邮件等操作。点击图 3-2-68 红色方框"收件箱",就会看到所有未读取的邮件。点击其中需要的邮件,就会打开进行读取。如果其中有附件,如图 3-2-69,会将所有附件一一列出,我们选取其中一个或者全部,进行预览或者下载。

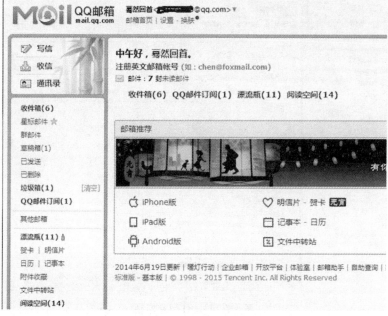

图 3-2-68　**QQ 邮箱**

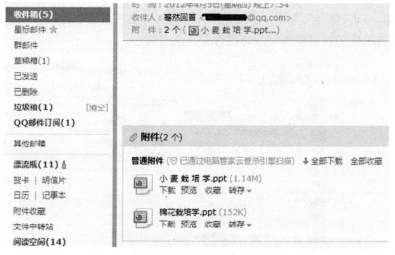

图 3-2-69　**QQ 邮箱收件箱**

如果需要给别人发送邮件,那么点击图 3-2-68 中的"写信",出现图 3-2-70,在"收件人"栏内,填写将要接收该邮件的人的邮箱地址,在"主题"内填写该邮件的名称,在"正文"内填写,想要发送的文字内容,点击"发送"即可。

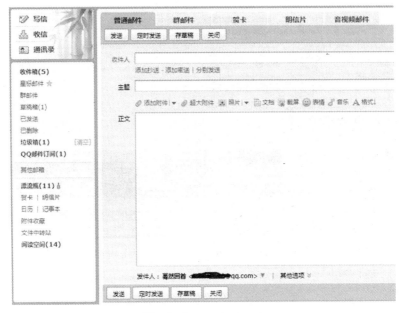

图 3-2-70   QQ 邮箱写信

　　如果发送的邮件,是图片、视频、音乐等,需要点击"添加附件",然后选中要发送的内容,点击"保存",如图 3-2-71 所示,就会将选取的内容作为附件上传至邮箱内,等发送邮件的时候即可一起将附件发送至对方。

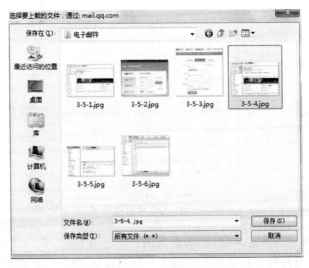

图 3-2-71   添加附件

如果待发送的附件为多个文件,可先将这些文件放置到一个文件夹内,再将文件夹压缩后上传。

以上是在电脑、笔记本上常用的通讯软件,当然还有其他的一些软件可供我们使用,这里就不一一列举了。我们要充分利用这些通信工具,利用网络,使我们的沟通更加通畅、便捷。

二、利用无线 WiFi 在智能手机等便携设备上使用的通信软件

目前广泛使用的是微信。下面我们介绍怎样使用"微信"。

首先在手机上安装"微信"软件。

(1)下载微信安装包并安装微信软件。手机连上 WiFi 后,可直接在管理软件的平台上下载,也可以借助其他管理软件如手机管家等来下载微信。不同品牌的手机,下载方法大致相同。如图 3-2-72,在搜索平台上输入"微信",点击"安装",手机自动下载后安装,稍后会提示"安装成功"。

(2)在手机应用程序中找到微信图标,点击进入微信软件图 3-2-73。注册微信账号,可用手机号进行注册。如已有账号,可跳过此步骤。

图 3-2-72 下载微信

用手机号注册,方便查找和记忆,通过手机里面的通讯录就可以直接搜索到想要添加的好友。

(3)登陆微信如图 3-2-74,可以看到,微信的基本功能,"微信"是用于聊天及历史聊天记录，"通讯录"用于管理或添加好友，"发现"用来查看好友或公众平台发布的各种信息，"我"即用于管理自己的微信账号及相关信息。只要点击相应的内容，即可看到一系列的功能服务。

图 3-2-73　登录微信

图 3-2-74　微信界面

（4）添加微信好友。点击屏幕右上角的"＋"，选择"添加朋友"，有以下方式可供选择：按号码查找，扫一扫（通过好友的微信二维码名片），从 QQ 好友列表添加，从手机通讯录列表添加，或者在微信推荐的好友中选择添加。

（5）添加了好友后，可以返回到"通讯录"菜单，找到好友，开始微信吧。

（6）如图图 3-2-75，点击好友头像，点击"发消息"或者"视频聊天"，就可以和好友进行对话聊天了。

（7）消息窗口下方图标，可供选择消息发送方式，像喇叭一样的，发送语音消息；大写 T 可发送文字消息，点击加号"＋"可展开其他消息形式菜单图标，可发送图片，视频，表情等；切换到对讲模式，按住对讲按钮不放，开始录音说话；离开按钮后语音结束，并且会发送到对方。

图 3-2-76 所示为文字聊天，好比电脑打字一样，将内容输入，点击"发送"，对方就会立刻收到信息。

图 3-2-75　**微信好友**

图 3-2-76　**文字聊天**

如果点击上图中间"喇叭"图标,则出现图 3-2-77 所示,按住"按住说话"就可以实现语音聊天了,说完松开,消息自动发送出去。

点击图 3-2-76 下方右侧的"笑脸"符号按钮,会出现各种表情,方便用户在聊天时候自己选取添加并发送,为聊天增加丰富的图案内容。点击"＋"符号按钮,会出现图 3-2-78 所示内容,供用户自己选择,可以向好友或朋友圈内发送图片、视频等各种信息。

(8)微信可以自动接收通信录里好友发来的各种信息,如果是图片,点击自动浏览;如果是视频,点击后可自己播放。其操作简单方便,老年人也可以很快学会操作,所以越来越多的人开始使用"微信"聊天的方式来和远方的亲朋好友进行交流。

目前,微信软件不断地进行升级,功能也越来越强大,在此只是简单地介绍微信的基本功能,在使用中还需要不断地进行探索和发掘微信的其他功能。

温馨提示

网络通信软件,给我们的生活带来的许多方便和乐趣,但我们也要时刻注意网络安全的问题,防止个人隐私的泄露。

图 3-2-77　语音通话

图 3-2-78　各种功能

任务五　使用农业技术论坛

【任务目标】

　　了解什么是论坛,利用论坛可以做什么,怎样登录论坛,如何针对农业技术使用论坛。

【知识准备】

一、什么是论坛

　　论坛,全称为 Bulletin Board System(电子公告板)或者 Bulletin Board Service (公告板服务),是 Internet 上的一种电子信息服务系统。它提供一块公共电子白板,每个用户都可以在上面书写,可发布信息或提出看法。它是一种交互性强,内容丰富而及时的 Internet 电子信息服务系统,用户在 BBS 站点上可以获得各种信息服务、发布信息、进行讨论、聊天等等。

二、论坛的形式

(1)实体参与型。是指一种高规格、有长期主办组织、多次召开的研讨会议。具有一定的时间、地点、参与人员的要求。著名的论坛有:博鳌亚洲论坛,精英外贸论坛,中国—东盟自由贸易区论坛,泛北部湾经济合作论坛等

(2)网络交流型。一般用于企业、个人、网站等。具有范围广、参与人群广的特点,是一种开放性的交流互动社区。比如生活121论坛、企业论坛、百度论坛等。

三、论坛的分类

网络发展很快,论坛的发展也如同网络雨后春笋般的出现,并迅速地发展壮大。论坛几乎涵盖了人们生活的各个方面,几乎每一个人都可以找到自己感兴趣或者需要了解的专题性论坛,而各类综合性网站或者功能性专题网站也都青睐于开设自己的论坛,以促进网友之间的交流,增加互动性和丰富网站的内容。

(一)论坛就其专业性可分为以下两类:

1. 综合类

综合类的论坛包含的信息比较丰富和广泛,能够吸引几乎全部的网民来到论坛,但是因为难于精细化,所以这类的论坛往往存在着弊端,即不能面面俱到。通常大型的综合性网站有足够的人气、凝聚力,以及坚实的后盾支持能够把网站做到很强大。

2. 专题类

专题论坛是相对于综合类论坛而言,专题类的论坛,能够吸引真正志同道合的人一起来交流探讨,有利于信息的分类整合和搜集。例如购物类论坛、军事类论坛,情感倾诉类论坛,电脑爱好者论坛,农业技术论坛,这样的专题性论坛能够在单独的一个领域里进行版块的划分设置,甚至有的论坛,把专题性直接做到最细化,往往能够取得更好的效果。

(二)按照论坛的功能性来划分,又可分为以下类型

1. 教学型

这类论坛通常是一些教学类的博客,或者是教学网站。中心放在对一种知识的传授和学习,在计算机软件等技术类的行业,这样的论坛发挥着重要的作用,通过在论坛里浏览、发布帖子,能迅速地与很多人在网上进行技术性的沟通和学习。譬如金蝶友商网。

2. 推广型

这类论坛通常不是很受网民的欢迎,因其生来就注定是要作为广告的形式,为

某一个企业,或某一种产品进行宣传推广服务,从 2005 年起,这样形式的论坛很快的成立起来,但是往往这样的论坛,很难具有吸引人的性质,单就其宣传推广的性质,很难有大作为,所以这样的论坛寿命经常很短,论坛中的会员也几乎是由受雇佣的人员非自愿的组成。

3. 地方型

地方型论坛是论坛中娱乐性与互动性最强的论坛之一。不论是大型论坛中的地方站,还是专业的地方论坛,都有很热烈的网民反向,比如百度、长春贴吧、北京贴吧或者是清华大学论坛、运城论坛、海内网、长沙之家论坛等,地方型论坛能够更大距离的拉近人与人的沟通,另外由于是地方型的论坛,所以对其中的网民也有了一定性的局域限制,论坛中的人或多或少都来自于相同的地方,这样既有真实的安全感,也有网络特有的朦胧感,这样的论坛常常受到网民的欢迎。

4. 交流型

交流型的论坛又是一个广泛的大类,这样的论坛重点在于论坛会员之间的交流和互动,所以内容也较丰富多样,有供求信息,交友信息,线上线下活动信息、新闻等,这样的论坛是将来论坛发展的大趋势。

四、论坛的登陆

首先,在百度上搜索找到一个农业技术网站。以中国农业技术网为例(图 3-2-79)。点击"交流论坛",进入如图 3-2-80 所示画面。

图 3-2-79　中国农业技术网站

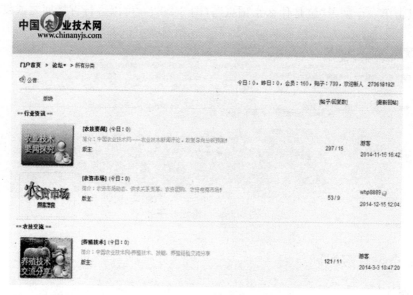

图 3-2-80 论坛界面

点击"农技要闻"进入如图 3-2-81 所示页面,在这里可以直接发帖;也可以浏览其他游客所发的帖子。

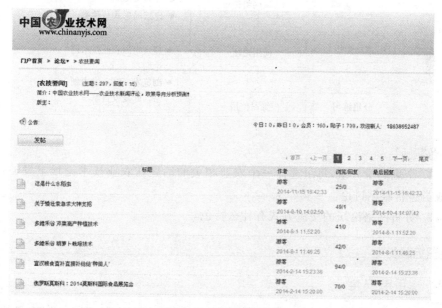

图 3-2-81 农技要闻版块

点击第一个帖子"这是什么水稻虫",(图 3-2-82),可以进行直接回复或发帖。

图 3-2-82 论坛帖子

任务设计与实施

【任务设计】

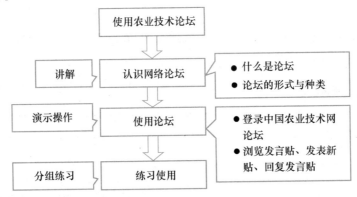

【任务实施】

1. 全班同学分组,每组选择一个农业相关的话题在农业技术论坛上发帖,小组成员进行跟帖讨论。

2. 分析网络论坛的交流方式有什么特色。

【知识拓展】

一、用电安全

对于经常用无线设备上网的用户,如手机、平板、笔记本等,那么"猫"和无线路由就需要长期处于工作状态。这种情况,对于所在地区电压稳定的用户来说,影响不大;但是如果周围电压经常出现不稳定状态,忽高忽低等,最好不要让其处于长期工作状态。可以随用随开,保证电压稳定状态下正常工作。

二、网络安全的防范

随着生活中网络的应用范围越来越广,网络安全问题也成为人们逐渐关注的话题。网络安全造成的损失也由小变大,如人们常见的网络购物陷阱、网络交友不慎等等。所以,我们在使用网络的同时,也必须加强对网络安全的认识和防范。电脑安装杀毒软件,无线路由定期更换密码,QQ 号码、电子邮箱及微信账号等通讯软件的密码保护等,都值得我们加强。

三、什么是沙发?

在论坛第一个跟帖的人称为"坐沙发"。还有一个解释是:一群人在看贴,突然很新的一个资源出来,第一个回帖的感叹了一句"so fast"(很快),之后所有的新资源出现都有人上去感叹"so fast",沙发就是"so fast"的谐音,然后就这么流传下来了。

四、论坛会员礼节

(1)记住别人的存在:如果你当着面不会说的话在网上也不要说。

(2)尊重别人的时间和带宽:在提问题以前,先自己花些时间去搜索和研究学习,很有可能同样问题已经问过多次,现成的答案随手可得。

(3)尊重他人的隐私。

巩固思考与练习:

1. 熟悉双绞线的结构特点和水晶头的做法。
2. 动手设置连接自己的宽带,并使无线路由可以正常工作。
3. 试用手机连接上无线 WiFi 网络。
4. 自己动手在电脑上下载 QQ 程序并安装使用。
5. 熟练掌握邮箱的接发邮件操作。
6. 在手机上下载微信并熟练使用,掌握用微信在朋友圈内发布消息。
7. 在一个农业技术类的论坛上注册账号,运用所学知识发帖、跟帖。

项目三 农业电子商务

【项目学习目标】

通过完成本项目各任务，应该掌握：

1. 网上发布农产品信息的能力；

2. 学会利用网络购物；

3. 掌握网上开店、销售农产品的技能。

【项目任务描述】

本项目分为网上发布农产品信息、网上购物和网上开店与销售三个任务。通过本项目任务的实践与练习，使学员掌握网上发布农产品信息、网上购物、网上销售的具体方法，并以此增强学员观察分析、信息检索发布与沟通协作的职业岗位能力。

【知识拓展】

我国有九亿农民，他们大多生活在偏远、落后的地区，文化素养水平较低，主要从事于农业种植、养殖类活动，由于市场供求信息不畅，种植、养殖出的农产品"丰产不增收"的现象时常出现。面对"小农户与大市场"的矛盾，农民急于想致富的梦想往往落空。怎样才能把分散在农民手中的农产品集中起来形成大宗农产品销售到城市中去，分销给众多的消费者，互联网为我们提供了一个平台。"中华人民共和国信息网"、"金农工程"、"一站通"等专业网站为我们在网上发布产品信息、推销产品开辟了新途径，这套网络销售农产品的体系就是农业电子商务。

　　农业电子商务是指利用现代信息技术(互联网、计算机、多媒体等)为从事涉农领域的生产经营主体提供在网上完成产品或服务的销售、购买和电子支付等业务交易的过程。

　　农业电子商务主要是以农业网站为主要载体,利用互联网的易用性、广域性和互通性,为农业提供各种商务服务或直接经营商务业务,它涉及到政府、企业、商家、消费者、农民以及认证中心、配送中心、物流中心、金融机构、监管机构等,这些部门也是通过网络联系在一起,各负其责。

　　近些年随着电子商务的兴起,金融机构针对网络的特点推出了丰富的在线资金管理与支付的产品,如支付宝等,使真正的网络营销成为可能。同时物流业的发展也为网络销售提供了保障,丰富便携的物流方式、相对较低的运送价格促进了网络营销业的发展。

　　"坐在家里挑商品,围着电脑跑销售"的营销模式已逐渐被人们所熟悉。通过网络缩短了销售环节,降低了产品价格。销售商利用网站,借助图、文、音频的手段展示自己的商品,客户使用简便安全的网上银行途径付款,并能享受送货上门的服务,比传统购买方式有很多的优点。本项目将引领大家体验网上信息发布以及完整的网络购物与销售过程。

任务一　网上发布农产品信息

【任务目标】

　　网络是一个信息的平台,其主要功能就是信息的获取与发布。在农业电子商务上,网络的重点作用是发布本公司或自己的农产品到网络上,方便有需求的用户来购买。通过本任务的学习,使能在网络上找到适合自己的网站,会在网上发布自己的农产品。

【知识准备】

　　要想在网上把自己或公司农产品的信息发布出去,首先要准备一台能上网的电脑、笔记本或手机,然后把自家的农产品拍成照片,写好信息,等待发布,举例如表 3-3-1、表 3-3-2。

表 3-3-1　孟家娃柴鸡蛋

发布单位：		馆陶县中北孟家娃原生态笨鸡养殖有限公司·孟章富
类　　别：		鸡蛋
参考价格：		88 元
产　　地：		河北馆陶
产品规格：		1×60
联系方式	电话：	2833200
	手机：	13363041313
	联系人：	孟章富
	E-mail:	mengzhangfu818@yahoo.com.cn

孟家娃柴鸡养殖厂

表 3-3-2　农产品最新价格表

品名	最高价	最低价	均价(元/千克)
白条鸡			17.00
猪肉			18.00
小葱			1.00
洋白菜			1.00
鸭梨			3.00
油菜			2.00

任务设计与实施

【任务设计】

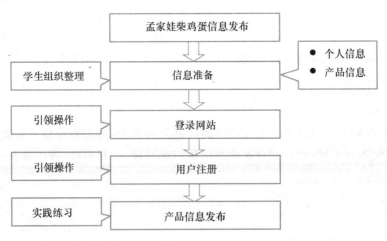

【任务实施】

本任务以中华人民共和国农业部信息网旗下——"中国农产品促销平台"网站为例,来讲述发布农产品信息的方法,操作如下。

首先打开 IE 浏览器,并在地址栏中输入 http://www.ny3721.com/url/2805/网站地址,打开页面如图 3-3-1 所示:

图 3-3-1　网络首页

一、注册"国家农业综合门户通行证"新用户

(1)单击网站上部导航区"营销促销",如图 3-3-2 所示窗口,打开如图 3-3-3 页面。单击会员登录中的注册按钮。

图 3-3-2　导航区

(2)认真填写各个项目(图 3-3-4)后单击"下一步"按钮。

图 3-3-3　营销促销栏目

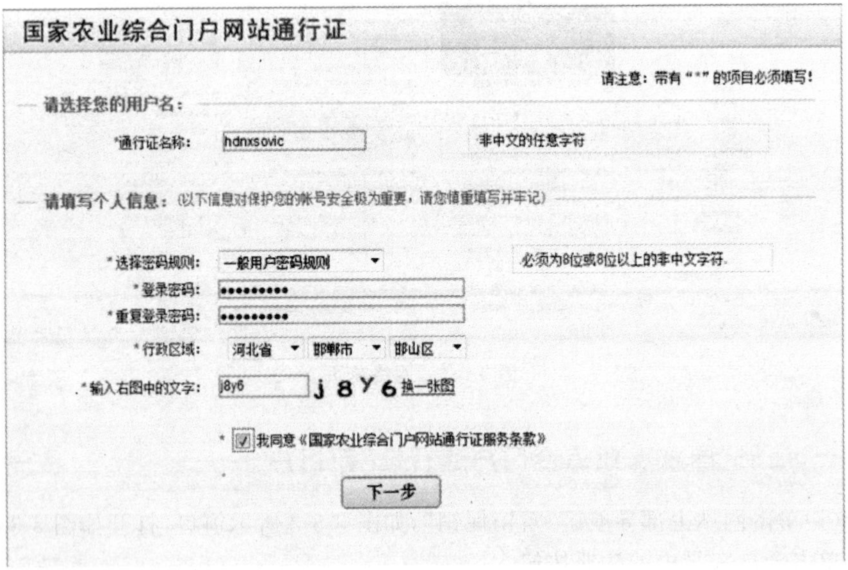

图 3-3-4　注册页面

同意注册会员服务条款(图 3-3-5),即可完成农业部通行证账号的注册,并直接进入"一站通"补充会员资料页面。

(3)补充材料填写。进入补充材料填写页面,选定申请会员类型,认真填写内容,以选定申请个人会员为例,说明补充材料的方法,如图 3-3-6,填写完整后提交。

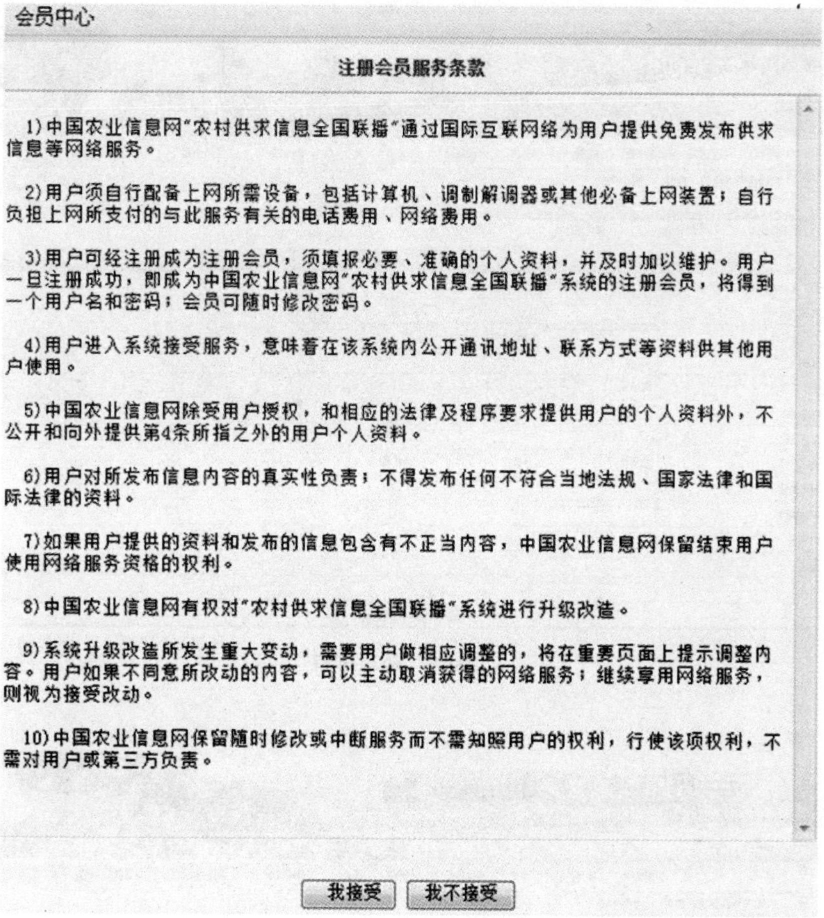
会员中心

注册会员服务条款

1)中国农业信息网"农村供求信息全国联播"通过国际互联网络为用户提供免费发布供求信息等网络服务。

2)用户须自行配备上网所需设备，包括计算机、调制解调器或其他必备上网装置；自行负担上网所支付的与此服务有关的电话费用、网络费用。

3)用户可经注册成为注册会员，须填报必要、准确的个人资料，并及时加以维护。用户一旦注册成功，即成为中国农业信息网"农村供求信息全国联播"系统的注册会员，将得到一个用户名和密码；会员可随时修改密码。

4)用户进入系统接受服务，意味着在该系统内公开通讯地址、联系方式等资料供其他用户使用。

5)中国农业信息网除受用户授权，和相应的法律及程序要求提供用户的个人资料外，不公开和向外提供第4条所指之外的用户个人资料。

6)用户对所发布信息内容的真实性负责；不得发布任何不符合当地法规、国家法律和国际法律的资料。

7)如果用户提供的资料和发布的信息包含有不正当内容，中国农业信息网保留结束用户使用网络服务资格的权利。

8)中国农业信息网有权对"农村供求信息全国联播"系统进行升级改造。

9)系统升级改造所发生重大变动，需要用户做相应调整的，将在重要页面上提示调整内容。用户如果不同意所改动的内容，可以主动取消获得的网络服务；继续享用网络服务，则视为接受改动。

10)中国农业信息网保留随时修改或中断服务而不需知照用户的权利，行使该项权利，不需对用户或第三方负责。

我接受　我不接受

图 3-3-5　会员服务条款

提交后，通过审核，你就可以成为正式的个人会员了，如图 3-3-7。

小提示

上述实例操作，只是个人会员的申请过程，你也可以根据需求申请成为团体会员、信息服务站、交易会员。

二、会员登录

申请成为会员后，就可以在网站上发布自己的产品了。操作步骤如下：

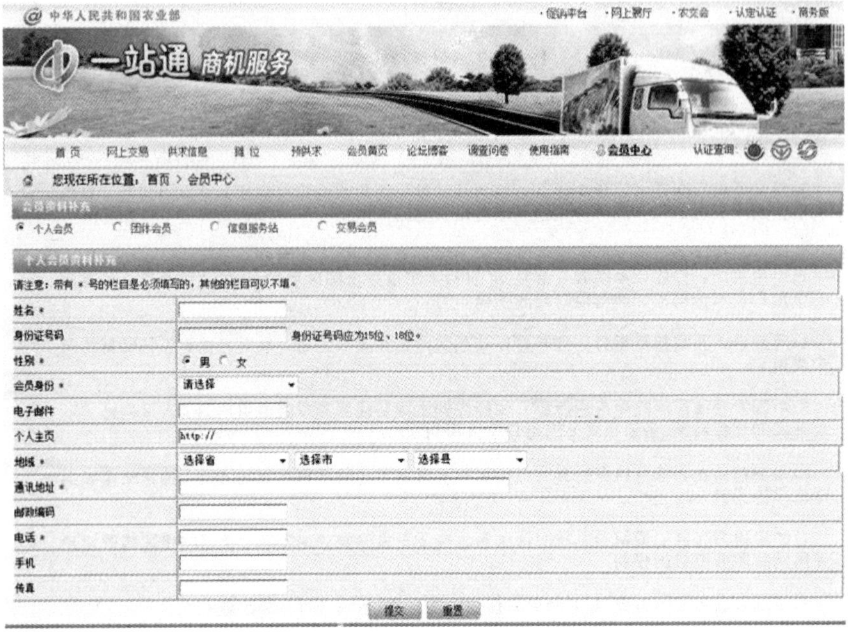

图 3-3-6　补充材料

图 3-3-7　注册成功

单击中华人民共和国农业信息网网站上部导航区"营销促销",如图 3-3-2
所示。

在如图 3-3-4 页面填写已经申请的会员名及密码,单击登录,进入如图 3-3-8

所示登录成功页面。

图 3-3-8 登录成功

三、上传农产品信息

登录后，点击"一站通"，如图 3-3-9 所示。

图 3-3-9 一站通栏目

在打开的 3-3-10 页面中单击发布供求信息，如图 3-3-11 所示。

图 3-3-10 发布供求信息

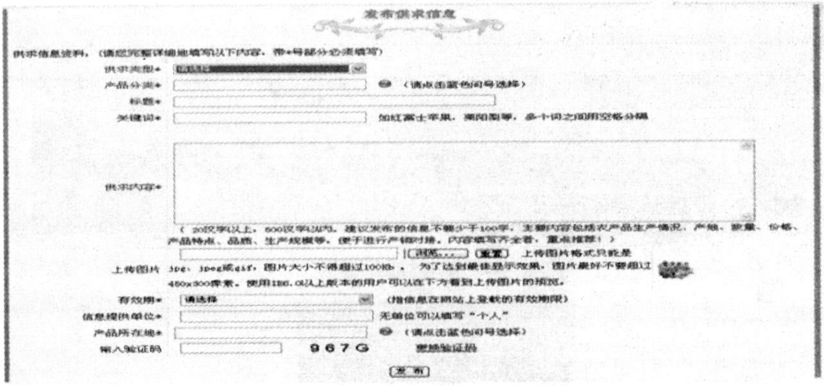

图 3-3-11　填写供求信息

认真填写每一项内容，其中带红色星号的为必填项。

温馨提示

　　输入验证码时一定要注意英文字母的大小写，否则发布不成功。

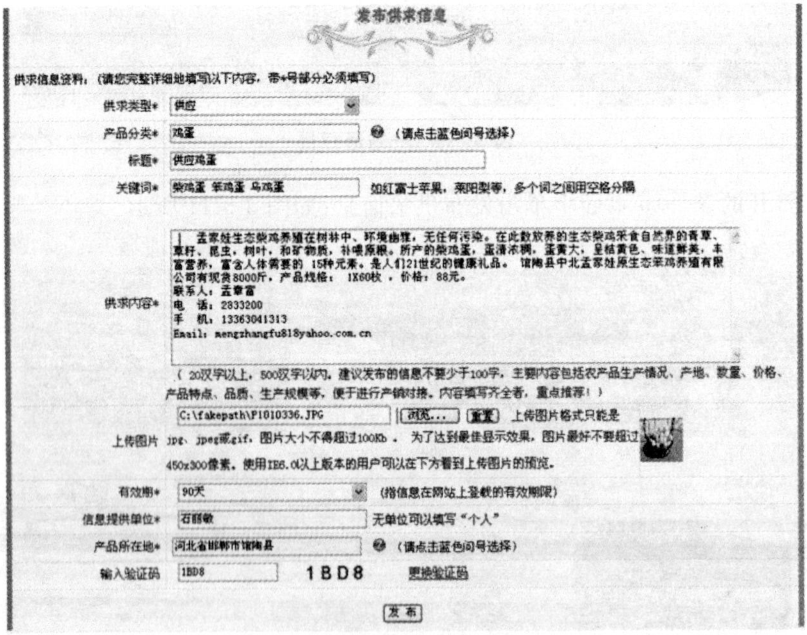

图 3-3-12　填写柴鸡蛋销售信息

最后检查你所填写的内容准确无误后,方可单击"发布"按钮,这样你的产品信息就发布完成。

以河北省馆陶县中北孟家娃原生态笨鸡养殖有限公司孟章富总经理在网上发布柴鸡蛋销售信息为例,来说明农产品网上发布的信息填写过程。如图 3-3-12 所示。

点击发布后,呈现图 3-3-13。如果被系统采纳,你的产品就可以在网上的供求信息中看到了。

图 3-3-13　**保存成功**

任务二　网上购物

【任务目标】

网上购物,简称"网购",是利用互联网检索商品信息,通过电子订购单发出购物请求,然后个人账户或信用卡支付,厂商通过邮购的方式发货,或是通过快递公司送货上门的一种同地或异地购物形式。网上购物突破了传统商务的障碍,无论对消费者、企业还是市场都有着巨大的吸引力和影响力,随着技术、制度的完善,网上购物近年来已得到迅猛发展。本任务将以淘宝网为例,通过软件下载、账号注册、账号登录等实际购物流程,使学员能了解网上购物全过程。

【知识准备】

据中国电子商务研究中心(100EC. CN)监测,截至 2014 年 5 月我国网购人数已达 3 亿人,网商数量超过 8 300 万家。2013 年我国网络零售交易额达到 1.85 万

亿元,5 年来平均增速达 80％,我国已经成为全球最大的网络零售市场。预计到
"十二五"期末,电子商务交易额将增长至 18 万亿元。

网购交易网站排行榜如图 3-3-14:

图 3-3-14　网购交易网站排行榜

网络购销平台有许多优点:

对于消费者来说,第一,可以在家"逛商店",订货不受时间、地点的限制;第二,
获得较大量的商品信息,可以买到当地没有的商品和同类商品有更多的比较机会;
第三,从订货、买货到货物上门无须亲临现场既省时,又省力;第四,网上商品,总的
来说其价格较一般商场的同类商品更便宜。

对于商家来说:第一,经营规模不受场地限制;第二,网上销售库存压力较小;
第三,省去租店面、召雇员及储存保管等一系列费用,降低了经营成本低。

现在我们用得最多的是阿里巴巴集团创立的淘宝网,淘宝网搭建了一个网络
销售的平台,买卖双方可以在这个平台上进行交易,交易过程中资金和商品的流动
受到淘宝网的监督,淘宝网拥有完整的信誉评价办法和纠纷解决机构,这也是网上
购物的主要形式。

如果想网购某一商品,需要准备一台能上网的电脑、笔记本或手机,还要有一
张能完成网上支付的银行卡。

任务实施设计与实施

【任务设计】

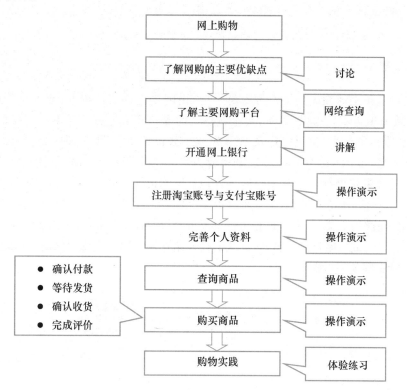

【任务实施】

本任务以在淘宝网购买"新疆大枣"为例,引领大家了解网购的过程。操作步骤如下。

一、开通网上银行

(1)在网上购物之前我们需持本人身份证到银行营业网点开通网上银行功能。例如在中国建设银行办理后会得到一个如图 3-3-15 所示的优盾或 K 宝。

(2)把优盾插到电脑后上相应银行的官网,下载证书(下载步骤网上有提示,或者办理时要

图 3-3-15 优盾

求银行工作人员帮你下载）然后设定网上银行及网上银行支付密码。

提示

网上银行登录和支付密码一定要认真保存！

二、关于支付宝

支付宝是全球领先的第三方支付平台，由阿里巴巴集团创办，成立于 2004 年 12 月，致力于为用户提供"简单、安全、快速"的支付解决方案。在不到五年的时间内，用户覆盖了整个 C2C、B2C 及 B2B 领域。截止到 2012 年 12 月，支付宝注册用户达到 8 亿。自 2014 年第二季度开始成为当前全球最大的移动支付平台。

支付宝主要提供支付及理财服务。包括网购担保交易、网络支付、转账、信用卡还款、手机充值、水电煤缴费、个人理财等多个领域。在进入移动支付领域后，为零售百货、电影院线、车票、连锁商超和出租车等多个行业提供服务，还推出了余额宝等理财服务。支付宝功能日渐丰富，在此我们仅介绍在淘宝网上完成担保交易功能。

交易步骤如下（图 3-3-16）：

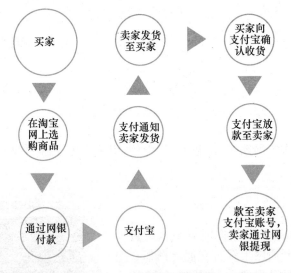

图 3-3-16　淘宝交易步骤

在交易过程中如果出现买家付款卖家不发货、或买家收货后发现货品存在质量问题等情况，在规定时效内买家不确认收货，卖家得不到货款；同样如果买家收货后无故不确认收货,超出规定时效货款将自动转给卖家,如果发生买卖纠分,可收集相关证据向淘宝提出投诉,淘宝会理解决,保障买卖双方的利益,在支付宝的担保交易下,使买卖双方都能放心交易。

三、注册淘宝账号与支付宝账号

1. 登录淘宝网

准备在淘宝网上购物之前,首先需要注册一个淘宝账号。打开 IE 浏览器—在地址栏内输入淘宝网网址"http:∥www.taobao.com"并回车,登录淘宝网,如图 3-3-17 所示。

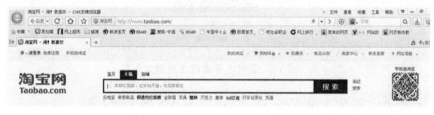

图 3-3-17

2. 填写注册信息

点击"免费注册"—打开注册方式选择页,如图 3-3-18 所示。

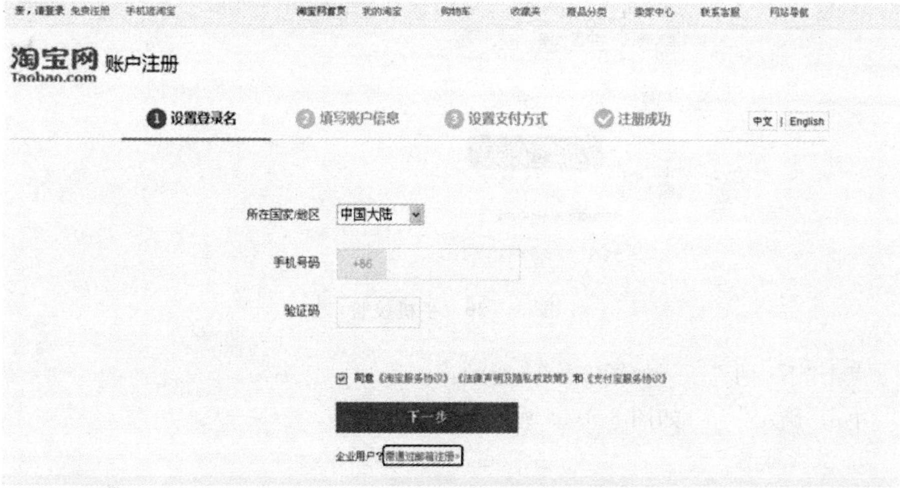

图 3-3-18

出现手机注册和通过邮箱注册两种方式,选择"邮箱注册"—点击进入—填写注册信息如图 3-3-19 所示。

图 3-3-19　通过电子邮箱注册淘宝账号

点击"下一步"——如图 3-3-20 所示——填入手机号码校验。

图 3-3-20　手机校验

点击"下一步"——如图 3-3-21 所示：

单击"确定"——如图 3-3-22 所示。

3. 激活账号

立即查收邮件——进入 QQ 邮箱，如图 3-3-23 所示。

打开淘宝网邮件——如图 3-3-24 所示，点击"完成注册"。

设置登录密码与会员名——如图 3-3-25 所示，点击"确定"。

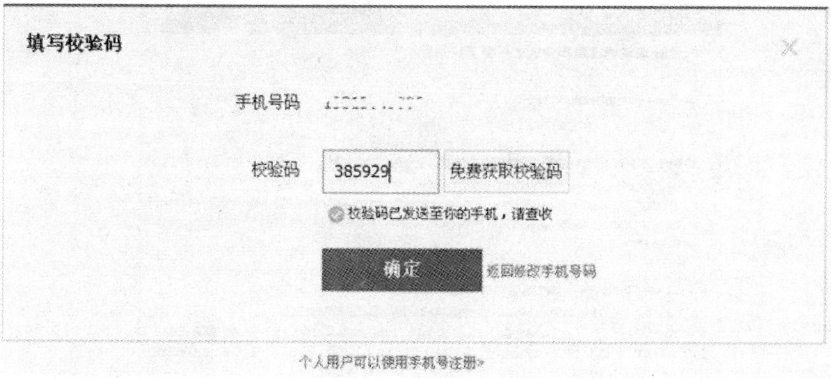

图 3-3-21　输入校验码

图 3-3-22　发送验证邮件

图 3-3-23　邮箱信息

注册完成——如图 3-3-26 所示。

小提示

　　请牢记淘宝的账号和密码,淘宝账号密码不要过于简单,避免其他人登录你的账号,邮箱一定要真实填写,方便以后找回你的账号。

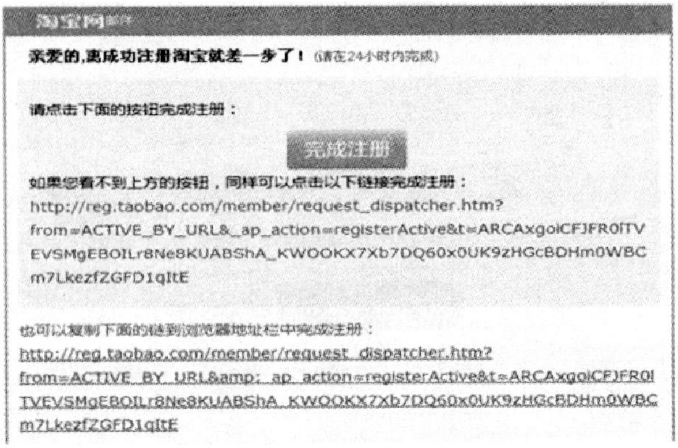

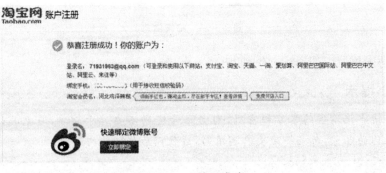

图 3-3-24   注册确认信息

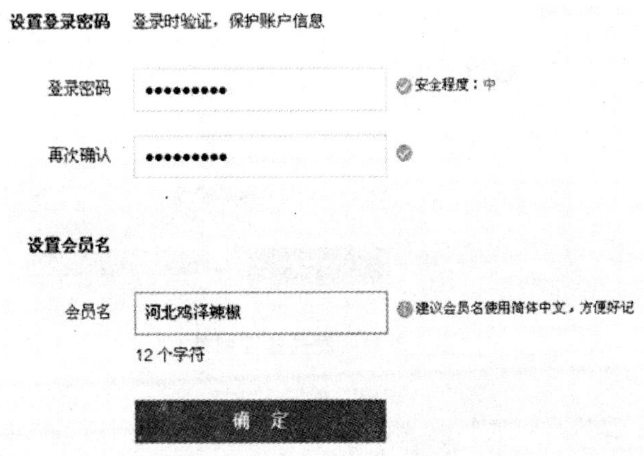

设置登录密码   登录时验证，保护账户信息

登录密码   ●●●●●●●●●   安全程度：中

再次确认   ●●●●●●●●

设置会员名

会员名   河北鸡泽辣椒   建议会员名使用简体中文，方便好记

12 个字符

确　定

图 3-3-25   设置登录密码

淘宝网 账户注册
Taobao.com

恭喜注册成功！你的账户为：

登录名：71931962@qq.com（可登录和使用以下网站：支付宝、淘宝、天猫、一淘、聚划算、阿里巴巴国际站、阿里巴巴中文站、阿里云、来往等）

绑定手机：   （用于接收短信验证码）

淘宝会员名：河北鸡泽辣椒（换新手机包；换邮箱，尽在都市学习区！查看详情）   免费开店入口

快速绑定微博账号

立即绑定

图 3-3-26   注册成功

4. 登录个人用户

登录个人账户的方法有两种,一种是网页登录,另一种是软件登录。我们以网页登录的方式来讲解登录个人账号的方法。

打开 IE 浏览器,登录淘宝网首页,如图 3-3-27 所示。

图 3-3-27 淘宝网首页

点击"请登录",如图 3-3-28 所示。

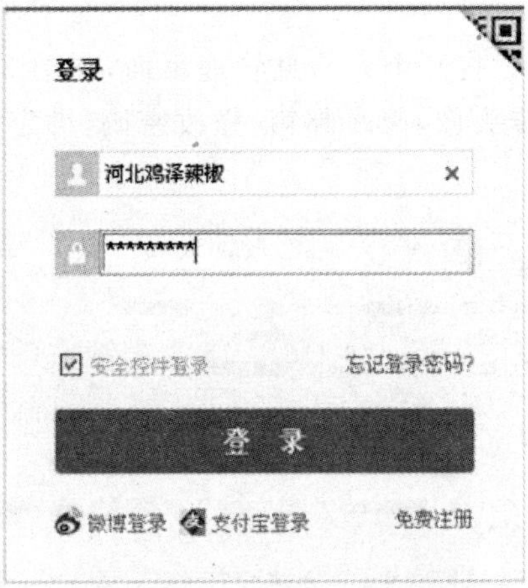

登录

河北鸡泽辣椒 ×

★★★★★★★★

☑ 安全控件登录 忘记登录密码?

登 录

微博登录 支付宝登录 免费注册

图 3-3-28 淘宝登录画面

输入注册的淘宝账号及密码,单击"登录",如图 3-3-29 所示,登录后在淘宝页面顶端显示你的账号名称。

图 3-3-29 登录后淘宝页面

鼠标指向河北鸡泽辣椒—V0 右侧的小向下箭头,如图 3-3-30 所示。

图 3-3-30   显示账号信息

单击"账号管理"——打开个人信息管理页面,如图 3-3-31 所示,进一步完善自己的个人信息,可上传头像,修改邮箱,修改密码,绑定手机,设定密保、认证身份等。

图 3-3-31   个人信息管理

5. 激活支付宝账号

为了便于买家交易,在您注册淘宝账号的同时,淘宝网站已经为您设立了以您填写的邮箱地址为账号名称的支付宝账号,您只需在我的淘宝中激活即可使用。激活方法是:登录个人淘宝账号—打开我的淘宝,如图 3-3-32 所示。

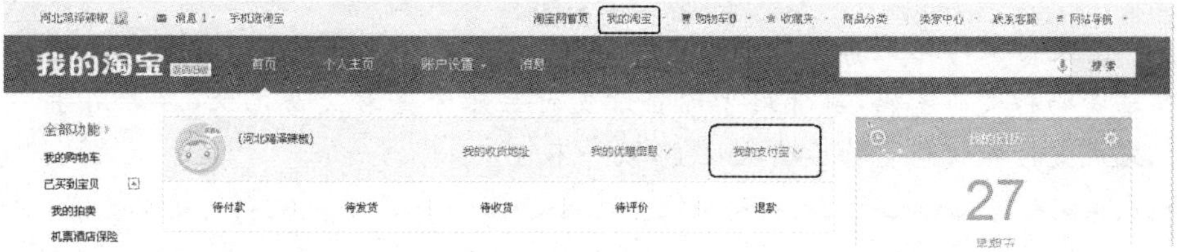
我的淘宝
首页
个人主页
账户设置
消息
全部功能
我的购物车
已买到宝贝
我的拍卖
机票酒店保险
我的收货地址
我的优惠信息
我的支付宝
待付款
待发货
待收货
待评价
退款
27

图 3-3-32　我的淘宝

单击“我的支付宝”,出现如图 3-3-33 所示。

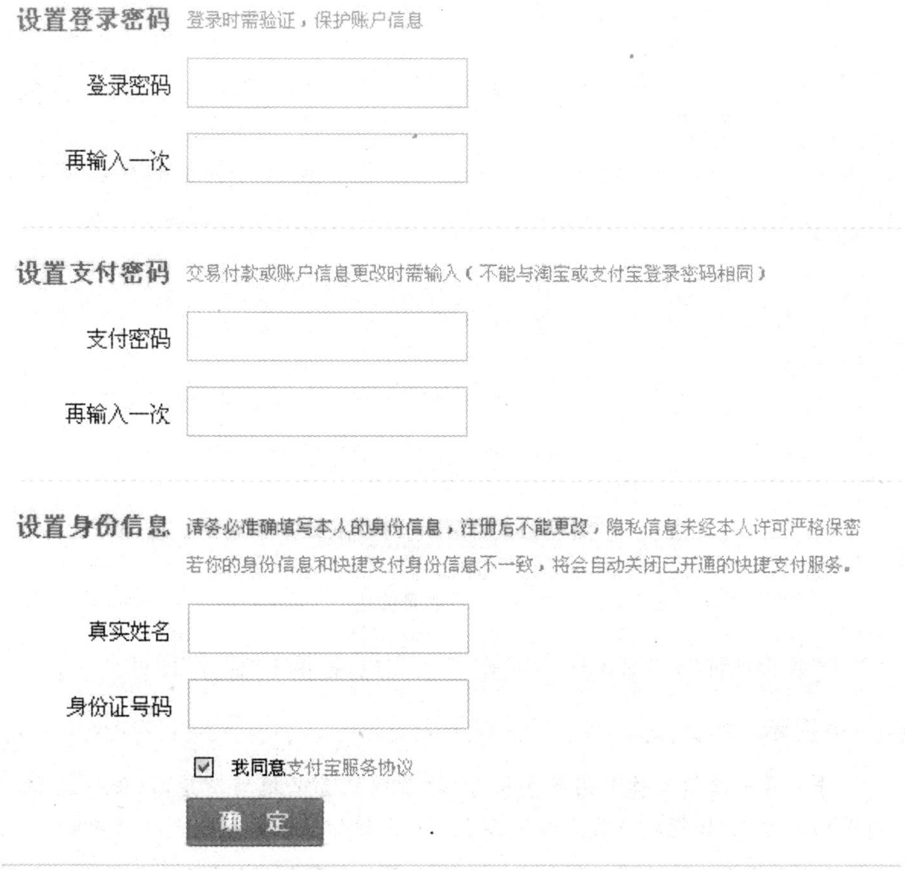
设置登录密码 登录时需验证，保护账户信息
登录密码
再输入一次
设置支付密码 交易付款或账户信息更改时需输入（不能与淘宝或支付宝登录密码相同）
支付密码
再输入一次
设置身份信息 请务必准确填写本人的身份信息，注册后不能更改，隐私信息未经本人许可严格保密
若你的身份信息和快捷支付身份信息不一致，将会自动关闭已开通的快捷支付服务。
真实姓名
身份证号码
我同意支付宝服务协议
确　定

图 3-3-33　我的支付宝

设置登录密码——支付密码——设置身份信息,完成后,单击"确定"。

小提示

　　支付宝网站是正规商业网站,大家可以放心如实填写。一定要牢记登录密码和交易密码,前者用于你登录支付宝账号查看交易记录,后者用于完成支付和收到货物后确认收货,缺一不可。

6. 填写收货地址

登录我的淘宝—账号管理,如图 3-3-34 所示。

图 3-3-34　账号管理

单击"收货地址",如图 3-3-35 所示,填写完成后,单击"保存"即可。

小提示

　　手机号码要填写你常用的手机号,收货地址务必填写清楚,以便快递公司等物流送货,收货地址最多能保存 20 条,方便你在不同的地点收取货物。

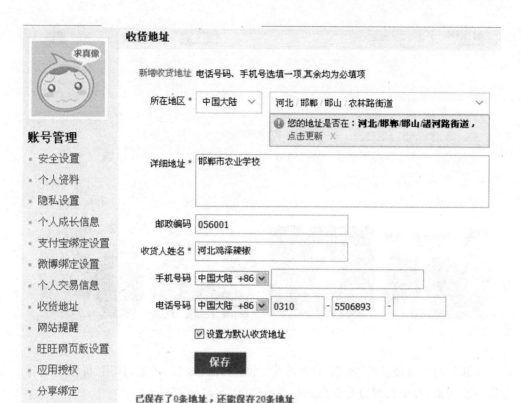

图 3-3-35　设置常用收货地址

四、查询商品

淘宝账号和支付宝完成绑定后,我们就可以登录淘宝网,寻找我们需要的商品了。操作步骤如下:

1. 查找所需商品

在淘宝网页面上部商品搜索框中键入商品的关键字,如图 3-3-36 所示。如我们需要购买新疆和田大枣,则键入关键字"新疆和田大枣"得到搜索结果,如图 3-3-37 所示。

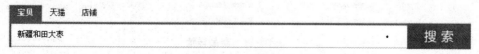

图 3-3-36　**商品搜索**

图 3-3-37 搜索结果

我们可以再按品牌、级别、特产品类、枣类产品、人气、销量、信用、价格等进行进一步搜索，直至找到符合你意愿的商品。

2. 了解商品详情

对某款商品有意时，可以点击商品图标或标题文字进入商品详细介绍页面，了解商品细节，如图 3-3-38 所示。

图 3-3-38 商品详情

查看销售记录,通过买家对该商品的描述、服务、物流等了解店家的信用度。

3. 与商家沟通

如需进一步与卖家沟通,可以直接点击西域美农旗舰店店名右侧的蓝色小头像即可。在沟通的过程中,要询问是否有现货、几天能到货,别忘了讨价还价哟!

4. 购买商品

决定购买时,认真填写购买数量,如图 3-3-39 所示,

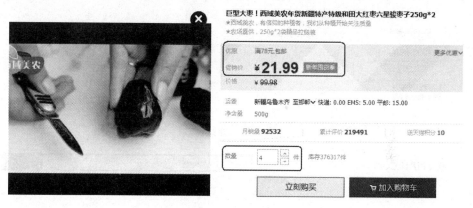

图 3-3-39 确认购买

点击"立即购买"—选择收货地址、配送货方式、核对实付金额等信息,如图 3-3-40所示。

图 3-3-40 确认购买信息

如果对商品有什么特殊要求可在"补充说明"处给卖家留言。

点击提交订单,如图 3-3-41 所示,输入"支付宝支付密码",确认付款。付款成功,如图 3-3-42 所示。

图 3-3-41　确认付款

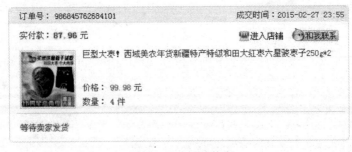

图 3-3-42　付款成功

5. 等待卖家发货

完成付款后,在买家"我的淘宝"、"已买到宝贝"中将显示"买家已付款"状态,等待卖家发货,如图 3-3-43。

图 3-3-43　订单状态

6. 卖家发货

卖家收到已付款通知后会安排物流发货，当卖家在淘宝上填写完发货信息后，买家已买商品状态将变为"卖家已发货"。如图 3-3-44 所示。

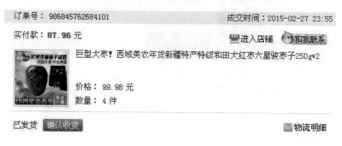

图 3-3-44　**卖家已发货**

你可以根据物流明细，查看货物所在地，以便及时接收。

五、交易成功并评价商品

1. 确认收货

买家等候物流送货，收到货物确认商品与卖家描述一致、质量完好后点击"确认收货"，完成交易。确认收货时需填写支付宝支付密码，如图 3-3-45 所示。

图 3-3-45　**确认收货**

单击"确定"按钮，出现如图 3-3-46 所示。

2. 评价商家

交易完成后点击"立即评价"按钮——根据卖家服务质量对其进行评价，如图 3-3-47 所示。

单击"提交评价"，如图 3-3-48 所示。至此完成购物过程。

网络交易最重要的就是诚信，因此卖家也非常重视您对他们的评价，所以收到商品后一定要对卖家服务进行客观评价。

✓ **交易已经成功，卖家将收到您的货款。**（乌鲁木齐市西域华新网络技术有限公司）

· 认真填写商品评价，就有机会获得20点天猫达人经验值！

 巨型大枣！西域美农年货新疆特产特级和
田大红枣六星骏枣子250g*2

立即评价

· 交易成功后将获得：

会员经验值：88 查看详情

图 3-3-46　**交易成功**

其他买家，需要你的建议哦！

认真写评价最多可获天猫达人成长值20点！

| 评价商品 | 还收到了，皮薄、肉厚、核小、新鲜、口感很好，半斤包装、服务态度好，物流速度快，货到时我没在家，快递服务更好，两次上门送货，值得大家云购买，是一次成功的购物。 |

描述相符 ⭐⭐⭐⭐⭐ 5分 惊喜
服务态度 ⭐⭐⭐⭐⭐ 5分 惊喜
发货速度 ⭐⭐⭐⭐⭐ 5分 惊喜
快递速度 ⭐⭐⭐⭐⭐ 5分 惊喜

上传文件 0/5   还可输入322字

对快递员 这货服务满意吗？参与调查
失望 不满 一般 满意 惊喜
快递员服务态度 ○ ○ ○ ○ ●

☑匿名评价   提交评价

图 3-3-47　**评价**

图 3-3-48　**评价提醒**

任务三　网上开店与销售

【任务目标】

　　网络营销开辟了一种全新的营销模式,使卖家可以通过很少的投入借助互联网络向异地的买家展示自己的商品,缩短了营销环节,拓宽了商品的销售渠道。通过本任务的学习,使学员们学会在淘宝网上创建店铺,并销售自家的农产品。

【知识准备】

　　1. 必须准备好一台能上网的电脑、笔记本或手机。

　　2. 二代身份证正、反面的电子照片,一张能完成网上支付的银行卡。

　　3. 自家产品的介绍和照片,如表 3-3-3 天下红八宝辣椒酱产品信息。

表 3-3-3　　天下红八宝辣椒酱产品信息

商品名称	八宝辣椒酱
市场价	￥10.00　优惠价:￥7.00
商品编号	
商品品牌	天下红
计量单位	g
商品重量	180
生产许可证 QS	130403070101

商品基本信息	八宝辣酱:精选花生、瓜子、芝麻、松子、杏仁、腰果、核桃等坚果,经过八道爆炒工艺,层层入味,浓香悠悠。按照人体对坚果中成分的需求比例研制的老少皆宜、健脑益智的辣椒酱。将中国八宝饮食文化延伸到新的高地。

　　淘宝网免费开店需要满足三个条件:一是年龄在十八周岁以上,二是有淘宝和支付宝账号,三是有一张开通网上银行方便安全交易的银行卡。淘宝网上开店要

经过如图 3-3-49 所示的步骤。

图 3-3-49

任务设计与实施

【任务设计】

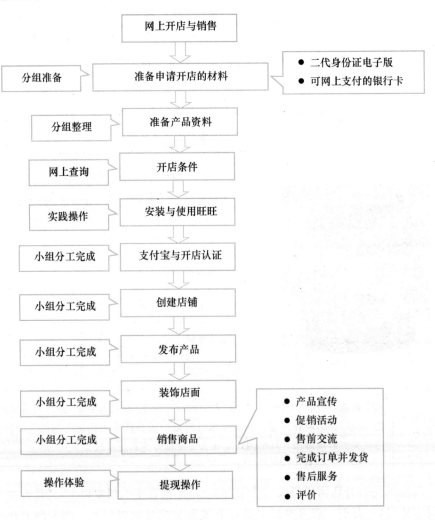

【任务实施】

一、淘宝账号的登录

网上开店,首先要登录淘宝账号。登录淘宝账号的方法有两种,一是通过网页登录,二是用阿里旺旺软件登录账号,我们以后者为例说明,过程如下。

1. 下载阿里旺旺软件

打开 IE 浏览器,在综合搜索中键入关键字:阿里旺旺,如图 3-3-50 所示。

图 3-3-50 搜索阿里旺旺

点击"好搜一下",找到阿里旺旺——"官网",单击"阿里旺旺",如图 3-3-51 所示。

图 3-3-51 阿里旺旺不同版本

单击"买家用户入口",如图 3-3-52 所示。

图 3-3-52 选择版本

单击"立刻下载旺旺 2014"，图 3-3-53 所示。

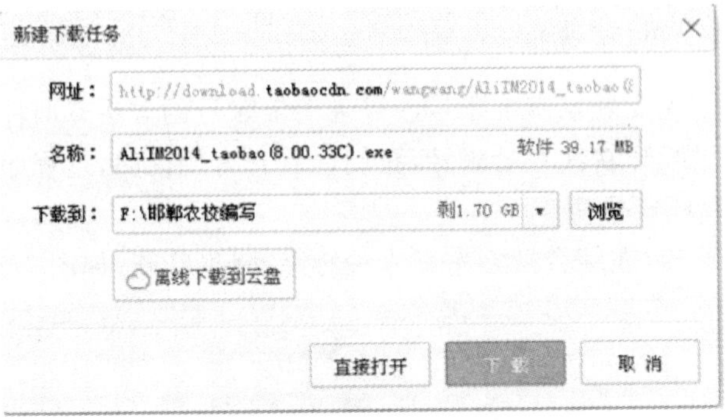

图 3-3-53

单击"下载"，则"旺旺 2014"下载到 F:\邯郸农校编写文件夹下。

2. 安装阿里旺旺

打开 F:\邯郸农校编写文件夹，双击 AliIM2014taobao(8.00.33C).exe，进行安装，如图 3-3-54 所示。

图 3-3-54　**安装阿里旺旺**

单击"快速安装"，稍等几分钟后，如图 3-3-55 所示。

单击"完成"，阿里旺旺软件安装成功。

3. 登录阿里旺旺

单击"开始"——"程序"——"阿里旺旺"——"阿里旺旺 2014"，启动"阿里旺旺"菜单，如图 3-3-56 所示。

输入你的账号名和密码，点击"登录"，结果如图 3-3-57 所示阿里旺旺主界面。

图 3-3-55　安装完成

图 3-3-56　登录阿里旺旺

图 3-3-57　阿里旺旺界面

二、支付宝账户和淘宝开店认证

(一)支付宝账户认证

为保证买卖安全,作为网店卖家、买家资金流通工具——支付宝,淘宝要求卖家在网上开店前进行实名认证,具体过程如下。

1. 我要开店

登录淘宝账号,单击图 3-3-58 所示的"淘",进入"我的淘宝"网首页,如图 3-3-59 所示。

图 3-3-58 通过"淘"项进入淘宝网

图 3-3-59 淘宝网首页

图 3-3-60 卖家中心

单击"卖家中心"右侧的小箭头,出现如图 3-3-60 所示下拉菜单。

单击"免费开店",如图 3-3-61 所示。

单击"我要开店",如图 3-3-62 所示。

这一步需要通过支付宝实名认证和淘宝开店认证,才能继续创建店铺。

温馨提示

这两个认证都需要 2～4 个工作日的审查时间。

图 3-3-61 免费开店

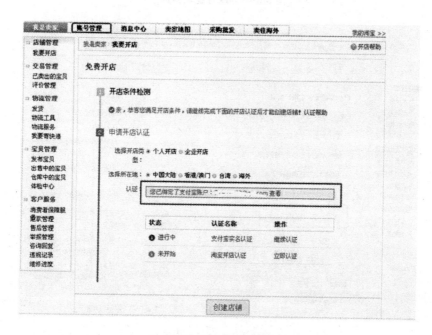

图 3-3-62 创建店铺

2. 支付宝实名认证

点击"账号管理",如图 3-3-63 所示。

单击支付宝绑定设置，如图 3-3-64 所示。

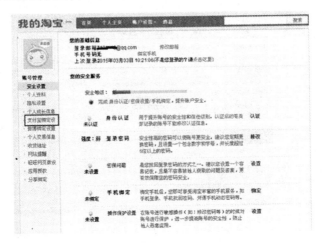

图 3-3-63　账号管理界面

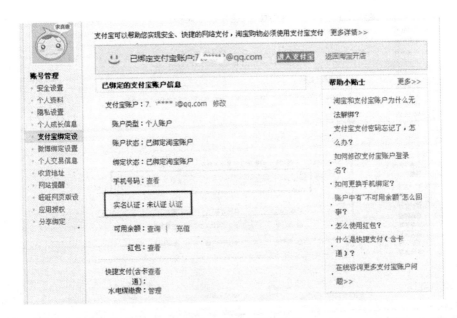

图 3-3-64　支付宝绑定设置

单击"实名认证"中的"认证"，如图 3-3-65 所示。

图 3-3-65 **实名认证**

3. 绑定银行卡——实名验证

单击"立即验证",如图 3-3-66 所示。

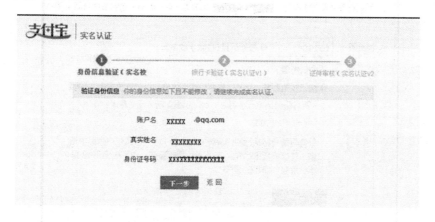

图 3-3-66 **实名验证**

单击"下一步",如图 3-3-67 所示。

单击"下一步",填入手机验证码,如图 3-3-68 所示。

图 3-3-67　**银行卡验证**

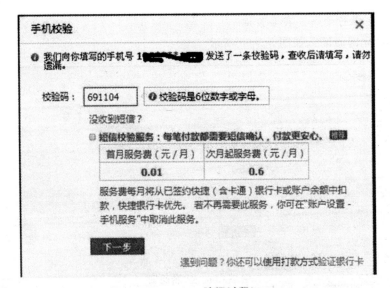

图 3-3-68　**验证过程**

4. 上传身份证照片

单击"下一步",如图 3-3-69 所示。

单击"上传证件",如图 3-3-70 所示。

图 3-3-69 上传证件

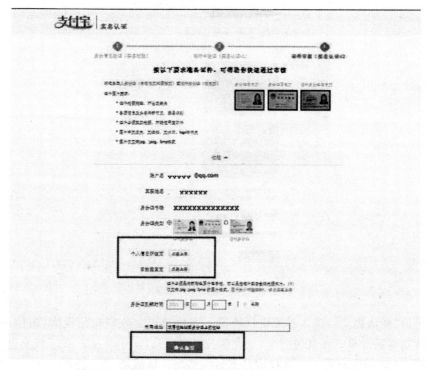

图 3-3-70 上传证件要求

温馨提示

在你点击要上传身份证图片时，可能要让你登录你的支付宝账号，你的支付宝账号是你申请淘宝账号时的邮箱或手机号。

上传完成身份证的反正面信息后，单击确定，填写身份证到期时间和常用住址，信息完全后，单击确认提交，图 3-3-71 所示。

图 3-3-71 **完整个人信息**

单击"确认提交"，进入系统审核阶段。审核通过会收到短信提醒（短信内容：绑卡成功奖励专享 5 元红包一个，点此链接拉：m. alipay, com/j/c5952 下载支付宝钱包领取，24 小时内有效——支付宝），支付宝实名认证成功。

(二)淘宝开店认证

1. 淘宝开店认证

支付宝实名认证完成后,在"账户管理"界面上呈现如图 3-3-72 所示。支付宝实名认证已通过,淘宝开店认证"未开始",单击"立即认证",出现如图 3-3-73 所示。

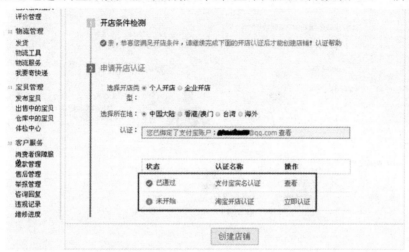

图 3-3-72 支付宝认证情况

图 3-3-73 开店认证

单击"立即认证",出现如图 3-3-74 所示。

图 3-3-74　开店身份认证

2. 填写身份资料

认真如实填写规定的内容资料,填写过程中一定要注意"手持身份证"照片和身份证正面照片的要求,填写完成后,点击"提交",如图 3-3-75 所示。

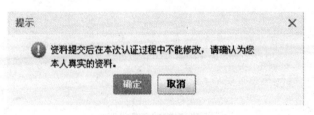

图 3-3-75　真实性提醒

3. 提交资料,等待审定

单击"确定",如图 3-3-76 所示,等待审定。

图 3-3-76　等待审核

4. 审核完成

收到淘宝身份信息认证短信通知,将如图 3-3-77 所示,淘宝身份认证完成。

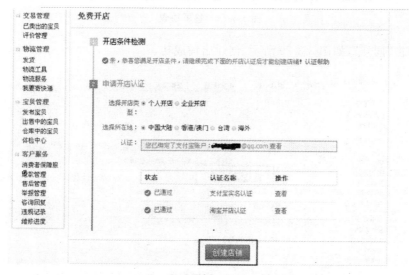

图 3-3-77　淘宝身份认证完成

三、创建店铺

在通过了支付宝实名认证和淘宝开店认证后，我们要做的工作就是创建店铺。操作如下：

单击如图 3-3-77 中的"创建店铺"，如图 3-3-78 所示，签署协议。

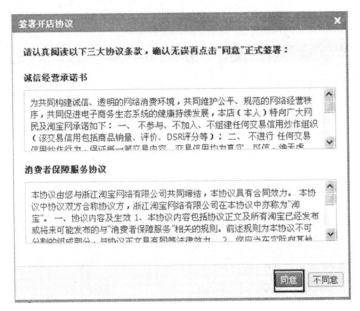

图 3-3-78 签署协议

单击"同意"，如图 3-3-79 所示，创建店铺成功。

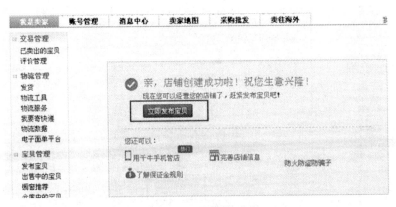

图 3-3-79 店铺创建成功

　　店铺创建成功后,会在屏幕的右下角或系统消息中出现一条如图 3-3-80 所示的"免费开通账户保护功能"的通知,建议大家开通。

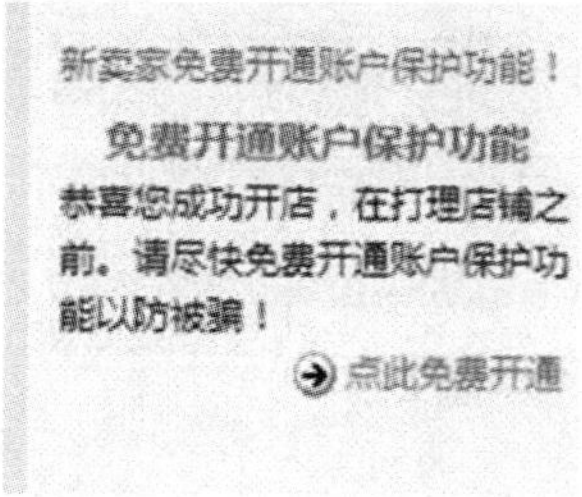

　　账户操作保护是指对淘宝网一些关键操作进行保护的服务。设置后可以在登录淘宝网、管理宝贝、购买淘宝网付费业务等操作时通过手机、数字证书等方式进行二次验证。这样即使被盗也无法窃取您的财产或者对您的店铺、个人隐私等造成侵害,具体操作步骤自己实践。

图 3-3-80

四、发布自家产品

淘宝要求申请开店之前上传 10 个以上商品。上传过程如下。

1. 登录淘宝账户

打开淘宝网站并登录,进入"我的淘宝"——"卖家中心"——"免费开店"如图 3-3-81 所示。

图 3-3-81　发布宝贝

2. 选择销售方式

单击"发布宝贝",这里我们选择"一口价"方式,如图 3-3-82 所示。

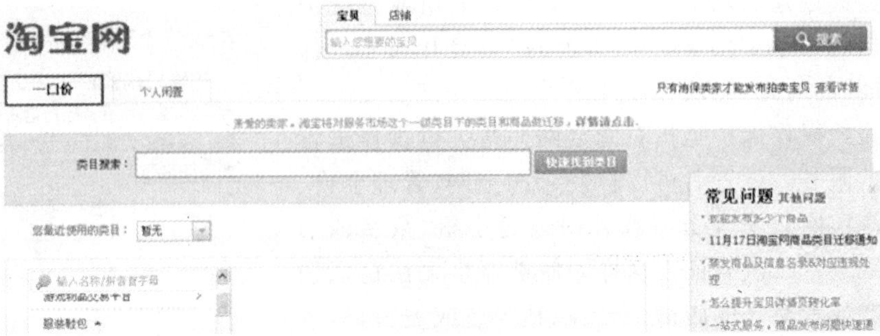

图 3-3-82　一口价方式

3. 确定商品类别

正确选择类别,否则买家按类别查找将找不到你的商品,乱放商品也会受到淘宝的处罚,如图 3-3-83 所示。

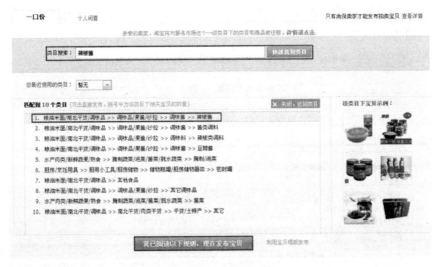

图 3-3-83　选择类目

4. 填写商品详情

在确定好商品类别之后,下一步就要填写商品的详细描述。单击图 3-3-83 中的“我已阅读以下规则,现在发布宝贝”按钮,如图 3-3-84 所示。

这一步很重要,如果你不签署,属于食品的宝贝——“辣椒酱”将不能在店铺里发布信息。单击“我已阅读以下承诺书,立即签署”,如图 3-3-85 所示。

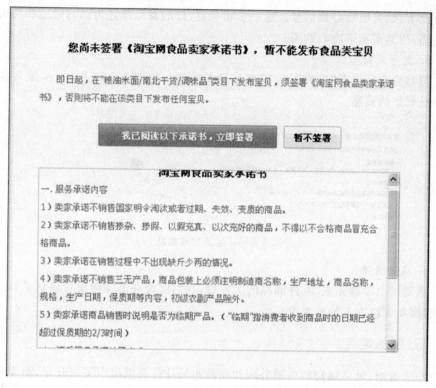

图 3-3-84 签署食品卖家承诺书

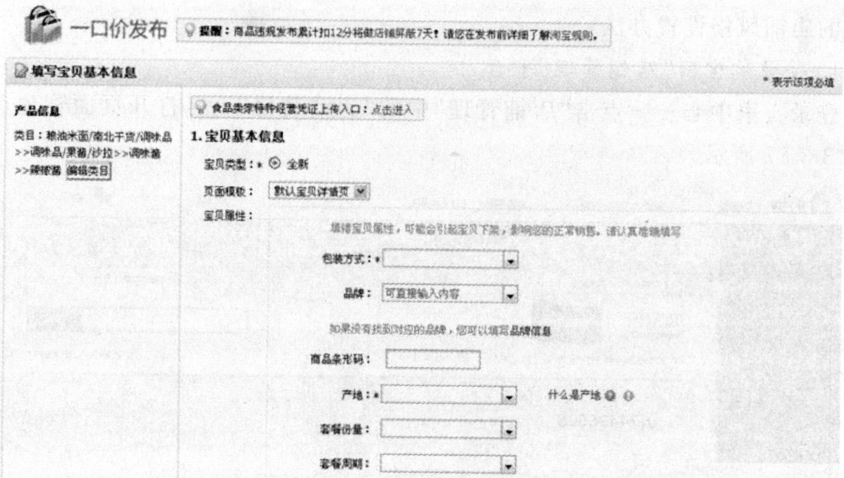

图 3-3-85 填写宝贝详细信息

要求:如实填写必填信息。这一步很关键,好的商品描述可以有效地解决买家的疑惑,帮助买家下决心购买。

5. 发布成功

填写完成后点击"发布",完成商品发布操作。如图 3-3-86 所示,买家将在淘宝中见到您的商品。

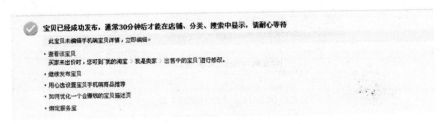

图 3-3-86 **宝贝发布成功**

6. 成功开店

重复以上步骤完成 10 件商品的上传后,我们已经在淘宝网成功建立了自己的店面,准备等待客人的到来吧!

五、装饰网店

一个美丽、风格独特的店铺外观和商品布局往往更能吸引买家驻足,给卖家带来更大的商机,我们可以通过向淘宝付费购买旺铺的形式获得更多的店铺模板和较大图片的展示机会,我们也可以购买第三方提供的装饰方案。这里仅介绍淘宝自带的店铺风格设置办法。

1. 登录淘宝网"店铺管理"平台

登录卖家中心——点击"店铺管理"中的"店铺装修"——打开页面管理首页,如图 3-3-87 所示。

图 3-3-87 **店铺装饰**

点击"页面编辑",出现如图 3-3-88 所示页面。

图 3-3-88　页面编辑

2. 编辑"店面招牌"

编辑"店面招牌"也叫"设置店铺"。点击"编辑",如图 3-3-89 所示,点击"修改"。

图 3-3-89　设置店铺

在这里可以设置店铺的铺名、图标、店铺类别和店铺介绍等内容,如图 3-3-90所示。

内容完善后,单击"保存"按钮,提示操作成功。

3. 管理宝贝

宝贝发布后,为了方便买家查找你的宝贝,可以在卖家中心的"店铺管理"——"宝贝分类管理"将上架的商品分类摆放,如图 3-3-91 所示。

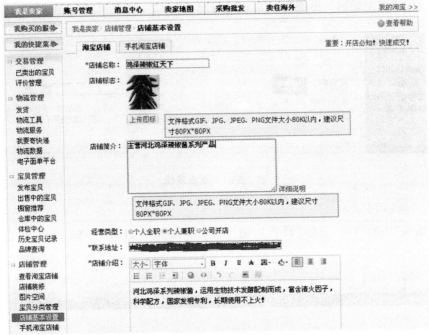

图 3-3-90　丰富店铺信息

图 3-3-91　商品分类

管理宝贝分两个步骤来完成。

一是分类管理,你可以"添加手工分类",也可以为某个类别添加子类,可以为类别添加显示图片,效果如图 3-3-92 所示。选中"分类名称"的类,可在"移动"中通过"箭头"指向,改变所分的类或子类的位置。单击"保存更改",手工分类完成。

图 3-3-92　设置分类

二是宝贝管理。单击"宝贝管理"后,点击"全部宝贝",如图 3-3-93 所示,单击"编辑分类",给你的宝贝按品种进行分类,完成后"保存更改"。

图 3-3-93 编辑分类

4. 设置重点推荐商品

在"店铺管理"的"掌柜推荐"项目中你可以把热销或有卖点的产品重点推荐,这些商品将出现在店铺的首要位置,效果如图 3-3-94 所示。

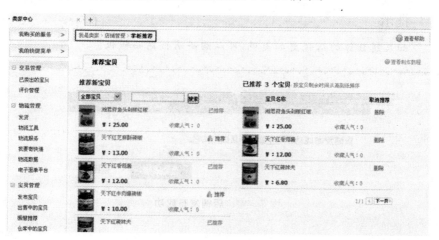

图 3-3-94 设置推荐商品

5. 装修店铺

点击"店铺装修"——装修——样式管理——保存——发布,如图 3-3-95 所示。

图 3-3-95 样式管理

单击"保存",如图 3-3-96 所示。

图 3-3-96 店铺装饰完成

单击"确定",如图 3-3-97 所示,至此,装修完成。

> 提示
>
> 如果想让你的店铺更加美观,可以购买店铺商品模板。

图 3-3-97 店铺发布成功

六、销售商品

当有买家拍下您的商品,经过讨价还价并付款后,您需要尽快在淘宝网上填写发货信息,尽快联系物流发货,发货前如图 3-3-98 所示。

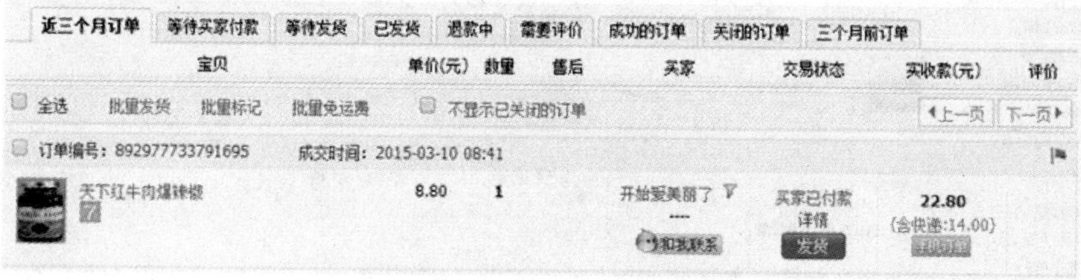

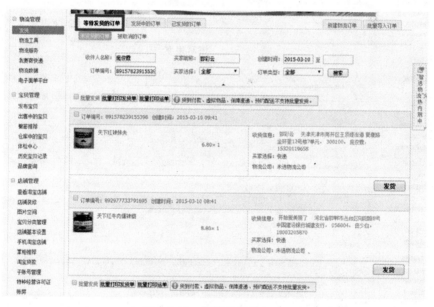

图 3-3-98 **待发货状态**

1. 填写发货单

在如图 3-3-99 所示页面中认真核对买家的联系方式是否详尽,无误后根据发货方式将发货单号填写在对应的物流公司的运单号处,完成实际发货。

图 3-3-99 **等待发货的订单**

2. 发货

单击"发货",如图 3-3-100 所示。

单击"确定",如图 3-3-101 所示。完成发货。

发货几个小时后,可查看物流消息,如图 3-3-102 所示。

3. 完成销售

等待买家确认收货,买家确认后,货款将转至卖家支付宝账号中,交易完成。

图 3-3-100　填写发货

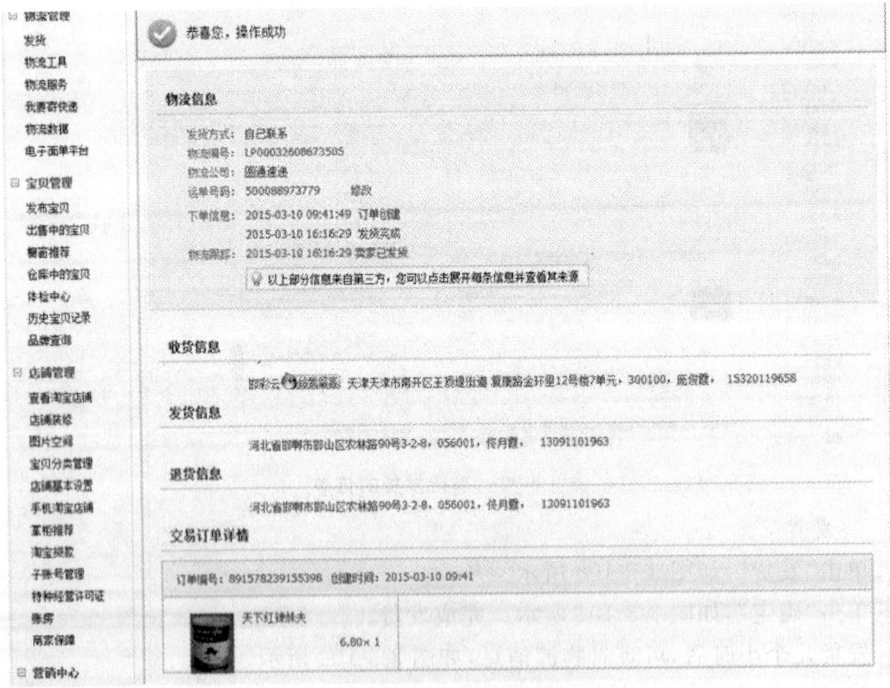

图 3-3-101　完成发货

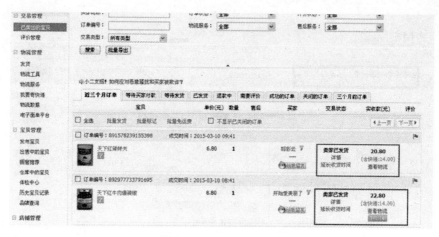

图 3-3-102　已发货状态

七、评价管理

客户的评价是网店生存的根本,每当我们销售出一件商品后都要认真回顾销售过程中的不足,对客户的疑虑及时进行回复,如有必要应主动电话答复,努力提高销售完成后买家的满意程度,争取买家的好评,无论买家是否好评都要对买家的评价进行回复,以示对买家的尊重。

八、在支付宝中提现操作

商品销售结束后,你就可以在你的支付宝中提现了。操作如下:
进入支付宝,如图 3-3-103 所示。

图 3-3-103　进入支付宝提现

点击"提现",如图 3-3-104 所示。看到有余额 22.80 元。

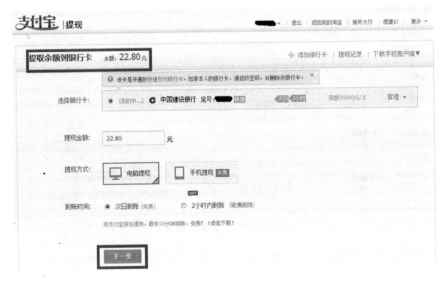

图 3-3-104   支付宝提现

输入"提现金额"22.80 元，选定"提现方式"，单击"下一步"，如图 3-3-105 所示。

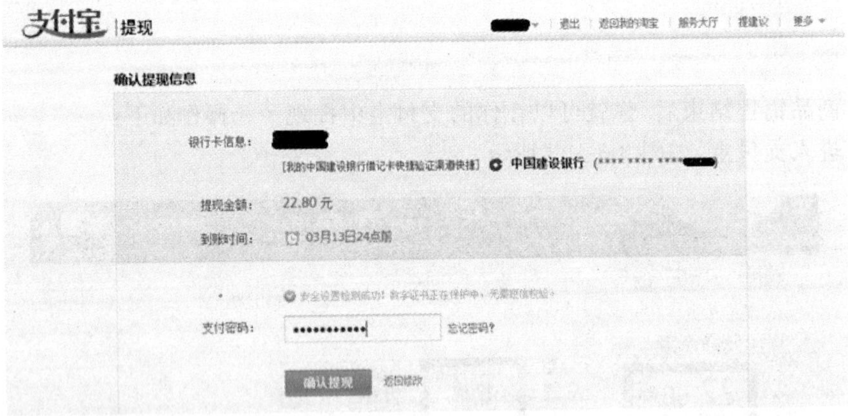

图 3-3-105   确认提现信息

单击"确认提现"，如图 3-3-106 所示，完成提现。

图 3-3-106　等银行处理提现申请

【知识拓展】

(1)网上发布产品信息的方法很多,在掌握了"中国农产品促销平台"上注册个人会员及发布农产品信息方法后,我们就可以在很多与农业及农产品相关的网站上注册及发布产品了。如申请阿里巴巴免费个人或企业会员,发布农产品。

(2)"财付通"是腾讯公司创办的又一个第三方支付工具,支持全国各大银行的网银支付,提现、收款、付款方法与支付宝相近。

(3)申请手机淘宝,只要你的手机流量充足,随时随地都能看到商品的更新,购买喜爱的商品,手机淘宝受到青年人的追捧。

(4)关于淘宝搜索排序的说明。

如果顾客在淘宝首页里用关键词来搜索宝贝,在所有带关键词的宝贝是这样显示的,先是显示橱窗推荐的宝贝,接下来再显示设置了橱窗推荐,但长期(超过90 天)没有售出的宝贝,再显示没有设置为橱窗推荐的所有宝贝,最后显示所有宝贝里长期没有售出的宝贝,一共分四挡来显示,只显示 100 页的商品,101 页以后的商品是不显示的。

因此尽量争取更多的橱窗机会是使商品排名靠前的一个重要手段。

因为临近结束的同类商品排名靠前,因此在发布商品时要错开时段,分时段上架,使热点时段都有即将结束的商品。这样买家容易搜到你的店铺。

项目思考与练习:

1. 以个人会员身份在"中国农产品促销平台"上发布你的求购、预供应、预求购信息。

2. 以信息服务站中以信息员的身份在"全国农产品批发市场价格信息网"中

发布本地各类农产品价格信息。

3. 以团体会员的身份在"中国农业网上展厅"上发布本企业产品的信息。

4. 试着在淘宝网上查询与农业生产有关的商品,对比商品质量、价格与当地可见到的有什么不同,尝试购买些小价值的商品。

5. 试在淘宝网上创建自己的店铺,把自己生产的农产品信息发布到网店上,尝试在网上销售。

6. 下载并安装"千牛"软件,用"千牛"软件管理店铺,销售产品。

注:①任务一的编写,得到了河北(邯郸市)馆陶金凤禽蛋批发市场石丽敏老师的帮助。②孟章富柴鸡蛋的信息资料引自"河北(邯郸市)馆陶金凤禽蛋批发市场网站"(http://www.hbjfqdsc.com/)。

模块四　物联网技术在农业领域的应用

项　目　认识物联网

项 目 认识物联网

【项目学习目标】

1. 了解什么是物联网；
2. 了解物联网在农业生产中的主要应用。

【项目任务描述】

　　本项目分为初识物联网和了解物联网在农业领域的主要应用两个任务。通过本项目任务的实践与练习,使学员了解什么是物联网以及物联网的基本工作特点,基本熟悉物联网在农业生产中的主要应用技术。通过案例分析、体验实践等教学手段,增强学员善于学习、观察分析、调查研究与沟通协作的职业岗位能力。

任务一　初识物联网

【任务目标】

　　了解什么是物联网以及物联网的基本工作特点。

【知识准备】

　　物联网是新一代信息技术的重要组成部分,是互联网的进一步延伸和扩展,它实现了将所有的物品与互联网连接起来而形成的一个物物相联的互联网络。

早在 20 世纪 90 年代初位于美国宾夕法尼亚州的卡内基梅隆大学校园里出现了一台可乐销售机,同学们可以通过向指定的邮箱发送邮件来获得销售机的状态,它不但可以告诉你机器里有没有可乐,还可以分析出可乐机 6 排储藏架上的可乐哪一排最冰,让顾客可以买到最凉爽的可口可乐。这个网络可乐机便是物联网的雏形。"物联网"的概念最早由 Ashton 教授在 1999 年的移动计算和网络国际会议中提出,当时物联网的概念主要是结合 RFID 技术对物品进行标识和管理。进入 2009 年 IBM 首席执行官彭明盛向已就任美国总统的奥巴马提出了"智慧地球"的概念,建议政府投资新一代的智慧城市基础设施,当年美国将新能源和物联网列为振兴经济的两大重点。"智慧地球"理念迅速引爆了全球物联网产业,同年欧盟发布了"物联网行动计划",日本发布了"i-Japan"计划,这些计划都是融合各类信息技术,将物体接入信息网络,实现物物相联,将信息技术引入到各个领域,促进信息产业由信息网络向全面感知和智能应用延伸和拓展。

我国政府对物联网发展也极为重视,物联网被列为我国五大新兴战略性产业之一,并写入"政府工作报告"。2011 年,国家财政部组织了物联网发展专项资金支持。2011 年发布的物联网白布书中预计,"十二五"期末我国物联网相关产业规模将达到五千多亿,形成万亿规模的时间节点预计在"十三五"后期,智能电网、智能交通、智能物流、智能家居、环境与安全检测、工业与自动化控制、医疗健康、精细农牧业、金融与服务业、国防军事将被锁定为物联网应用重点。

> **小知识**
>
> 物联网(Internet of Things)是通过传感器、射频识别(RFID)、红外感应器、全球定位系统、激光扫描器等信息传感设备,按约定的协议,把物品与互联网相连接,并进行信息交换与通信,以实现对物品的智能化识别、定位、跟踪、监控和管理的一种网络。

物联网具有全面感知、可靠信息传递、智能处理三个主要特点(图 4-1-1)。

全面感知是指物联网随时全面获取物体的信息。根据应用要求,要获取物体的位置、行动速度、方向变化、温度变化以及物体所处环境的温度、湿度、气压等信息,就要求物联网能够全面感知物体的各种需要考虑的状态。如同人类的眼睛可以获得图像信息、耳朵可以获得声音信息、皮肤可获得物体硬度和温度信息。在物联网中通过传感器、RFID 等感知设备来实现对物体各种信息的获取。

物联网通过各类传感器获取到大量物体信息后，需要利用无线或有线网络方式与互联网融合，并将物体信息可靠的传递给用户。就如同人类的神经系统，将各个感觉器官获得的外界信息快速准确的传递给大脑，以便大脑能迅速做出反应，并将大脑发出的指令传递给各个部位以作出相应的动作。可靠的信息传递是物联网的一个重要特征。

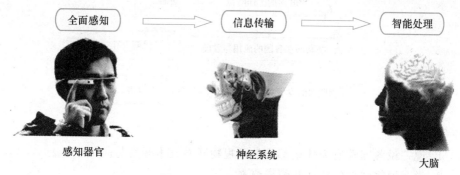

图 4-1-1 物联网的三大特征

智能处理如同人类的大脑根据神经系统传来的各种信号，依据已有经验、规律和知识等做出相应的处理，指导相应的器官做出反应。网联网系统中智能处理部分是物联网应用的核心，利用各种人工智能、专家系统、云计算等技术，对物联网海量的数据和信息进行分析和处理，对物体实施智能化监测与控制，如图 4-1-1 所示。

物联网在农业中的应用。目前物联网主要应用于农业生产中的环境监测与控制、农机具管理、信息追溯等领域。农业生产的对象通常是鲜活的生命体，对自然环境有一定的要求和依赖，因环境因素的限制，农业生产的产量和质量常常受到影响。比如大部分果菜类作物受季节气候因素的影响，产品多集中上市，常会造成供大于求或供不应求的矛盾，也很难满足人们四季供应的需求。把生产环境人为控制在作物适宜的范围内，模拟自然环境，就可以很好地解决这个问题。智能温室、智能化育苗室就是这类应用。又如，水产养殖中水温、溶氧量、pH 对水产品的生长至关重要，如能及时掌握养殖池内水的各种状态，则可以避免因水质问题造成的损失。信息追溯主要是农产品质量的追溯应用，通过物联网全程追踪农产品种植、养殖状况，实现从田间/养殖场到居民餐桌各个环节的农产品质量监测，确保食品安全。

任务设计与实施

【任务设计】

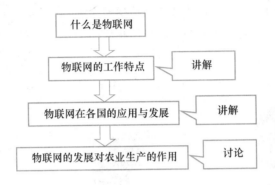

【任务实施】
　　1. 说一说各国政府为什么都非常重视物联网技术开发与应用。
　　2. 说一说物联网的特征和组成要素。

任务二　了解物联网在农业领域的主要应用

【任务目标】
　　了解目前物联网络技术在我国农业生产中的主要应用领域,体会物联网对我国当前农业生产的影响。

【知识准备】
　　"物联网"等信息化技术与农业生产相结合促进了智慧农业的产生。操作人员手里拿着一部智能手机,可以随时观察着蔬菜大棚内环境的变化,一旦棚内环境超出预设范围,系统会自动报警,操作人员可手动,也可交由系统自动打开通风、灌溉等设备对棚内环境进行调整,这正是智慧农业的一类应用场景。以物联网技术为核心的计算机技术、智能控制技术、现代机械技术的综合应用,使农业的产、供、销实现高度的智能化、自动化、精准化,极大地提高了农业生产经营的综合效率,降低了工作劳动强度和资源消耗。

一、物联网在育种、育苗生产管理中的应用

在蔬菜生产中,为保证蔬菜品种纯正、有充足的生长期或提前上市的生产要求,蔬菜育苗工作常需要在人工环境下提前进行,此时自然界的环境条件还达不到播种育苗的要求,育苗工作需要在温室或大棚内进行,需要对温室内的温度、光照、湿度、空气中 CO_2 和 O_2 含量以及土壤含水量和肥力状况进行精确控制才能达到种苗生长的要求。

在山东某某农业研发中心的 30 栋标准化蔬菜育苗、生产大棚中,设置了 30 余套视频、温湿度、光照和土壤采集器和传感器。利用这些仪器采集数据,系统参照预设安全数值向管理电脑和手机实施联动报警或管理操作。由于信息的采集、传输、上报均自动化进行,及时、高效,大大地降低了工作人员的劳动强度和用工成本,而且准确度高,幼苗质量和生长速度均优于传统育苗水平(图 4-1-2、图 4-1-3)。

图 4-1-2　利用手机控制温室内增湿系统

在浙江、黑龙江、湖南、陕西、江苏、上海等多个省市也相继进行了物联网应用试点,主要用于土豆、花卉苗木脱毒,花卉生产,蘑菇养殖等具有高经济附加值的农作物精细化培育和种植。

二、物联网在农业病虫害监控中的应用

目前物联网在病虫害监控方面主要通过各种传感器对农业生产环境信息进行采集,同时进行病虫害图像信息采集,然后将这些图像、环境参数通过通信网络传递至远程中心服务器,中心服务器(管理中心)对这些数据进行存储和解析处理,管

图 4-1-3 智能温室大棚

理人员通过对这些数据汇总分析来判断农田环境和虫害情况并及时做出预防措施（图 4-1-4）。

图 4-1-4 农田远程监控系统

三、物联网在粮仓监控中的应用

中国是一个人口大国,粮食储备是关系到国家政治稳定,国民经济平稳发展的头等大事。我国每年都要收购和轮换存储大量粮食,粮食在粮仓中受环境、气候、通风等条件的影响,温度和湿度会发生异常,极易造成腐烂和变质,同时也易引发虫害。粮仓中存储的粮食还会受到仓内气体、微生物的影响。

为确保国家粮食安全,在国家发改委、科技部、国家粮食局的支持下,江苏、黑龙江等多省份进行了"基于物联网的数字粮库解决方案"试点工作,并已获得成功。

智慧粮仓监控系统通过现场监测仪采集食仓内的温度、湿度、二氧化碳、硫化氢气体含量,粮堆温度、粮食含水量,以及虫害的发生情况等信息,并及时发送至监控中心,监控中心将收到的采集数据与预设的警戒值进行比较,若实测数据超出设定范围,则会显示报警,同时监控中心可向现场发出控制指令,控制现场空调器、吹风机、除湿机等设备进行除湿降温工作(图 4-1-5)。通过智能粮仓可以实现粮情的巡测、存储、分析、处理,省时省力,不但可以延长粮食在仓内的储存周期,也会因对仓内环境的准确控制而大大提高粮食的储藏品质。

图 4-1-5　某粮仓无线粮情管理系统界面

四、物联网在林业管理及木材产销中的应用

林业产区内物种繁多、环境复杂、分布区域广阔,人员监管难度大。林木生长周期长,对树木的管理持续性强,传统管理方式下人力和设备投入量巨大,管理效果却较差。随物联网技术为核心的智慧林业监控系统的启用,上述困难将成为历史。智慧林业监控系统由前端监控子系统、中心控制子系统、浏览终端子系统组成。前端监控子系统负责采集各监控点的地理信息、环境数据和视频数据,并进行压缩编码后通过网络传输至中心控制系统。中心控制系统负责信令控制、数据解析等。用户可以使用计算机进行实时数据浏览,以及历史数据、图像、视频查询回放,作为林区可持续发展和为火灾预防提供依据。

随物联网的深入,黑龙江林区在我国率先建立了智慧木材产销系统。系统通过采用条码、射频识别等数据采集技术,运用无线数传网络、低频微波等无线通信传输技术,将木材生产中采集的数据实时传送到数据中心,使木材生产从采伐、运输、储木场管理、木材销售全程实现木材身份认证。木材销售时通过条码枪一扫,木材的产地、树种、材质、售价等信息就会播报出来,大大提高了林业企业管理的水平,如图 4-1-6 为伐木工人通过 RFID 进行树木识别。

图 4-1-6　**智慧农业 RFID 树木标示系统**

五、牧业食品安全溯源

下面以奶制品为例解释食品溯源系统。牛奶溯源首先要对产奶的奶牛进行标

记,通常采用二维码或 RFID 技术,对奶牛养殖过程中食用的饲料、用药、产奶等情况进行记录,并与该奶牛的标示进行绑定。牛奶采集后经过检测,如果合格,将装车低温储藏运送。原奶经由工厂统一生产为奶制品,同一批次贴上 RFID 电子标签或条码标签,记录生产时间等信息,入库或出厂。出厂的运输过程包括从奶场到牛奶加工厂,再到配送中心、商店的全过程,通过基于 GPS 以及移动通信网络的实时监控调度系统,借助 GIS 地球信息系统,可进行车辆定位,同时在运输卡车内安装有内部带有温度传感器的有源射频标签并在车上装上 GPS 和天线,以便实时记录车厢内的温度和物流信息。最后在运向超市的货箱上贴上 RFID 标签或条码标签,到达超市后,通过阅读器读取标签的 ID 号,传递给超市后台管理系统,然后发布给消费者,消费者可直接用手机查询牛奶生产的相关信息如生产农场名称、厂商、产品物流信息、检测报告等。

农产品溯源的目的是希望实现生产可记录、信息可查询、流向可跟踪、责任可追究四个方面。通过建立安全溯源体系,企业可以为消费者构筑起食品安全的供应链,通过提供可真实查询的信息,使消费者放心地消费食品,提高企业信誉和增强市场竞争力,也为政府监管食品安全提供有效手段。

六、物联网在渔业生产中的应用

让我们进入江苏省鹅湖镇物联网智能养鱼基地来了解物联网在我国渔业生产中的应用。该镇水产养殖面积 2 100 亩,主要养殖青鱼等常规品种。2010 年投资建设了专门从事物种水产新品种引繁、培育、推广的渔业科技型苗种中心,同年由市、村共投资 100 万元打造水产养殖的物联网技术,并于 2011 年 5 建成运行。

该水产养殖物联网信息监控系统包含一个数字化信控平台、四大智能监管系统、多层网络交叉覆盖。四大智能监管系统包括:①气象环境监测系统,对气压、温湿度、风力、风向等数据进行采集,为不同气候环境下养殖效果提供数据支持。②水质自动监管系统,对不同的环境和品种分别采集不同的数据样本,实现差别化监管。③外围设备控制系统,对增氧机、水泵、投饵机等设备进行数据对比自动控制、中心平台自动控制、手机远程控制等多种方式智能化控制启停。④数据化的养殖管理系统结合生产需要对养殖密度、水质状况、饲料投放、渔药用量等多参数分塘分类、差别化精确管理。

在以往的水产养殖中,养殖户要获取池塘信息,唯一的途径是通过人工、人力进行采集、测试,费时费力。有了基于物联网的水产养殖监控系统后,通电脑脑投射到大屏幕上的数据就可以非常清晰地反映出各池塘实时情况,如供氧量是否正常,水温多少、池水 pH 等。当溶氧量等关键指标不在预设范围内时系统便会报警,并自动启动相应设备,确保水质安全。养殖户也可以根据现场数据通过手机或电脑手动控制设备开启和关闭。养殖户还可以根据系统监测的水温调整相应的投饲量,做到不浪费,同时也保证水质不受污染。系统启动后,摆脱了养殖户靠经验养殖的状态,就像请了个 24 小时值班的"鱼塘保姆",通过计算机等信息化技术将养殖鱼塘的环境控制在最佳状态。据专家测算,使用物联网智能管理系统后,节能增效达 20% 左右,预计亩均增收 1 000 元以上。同时由于控制投入品的使用,池塘水质的净化循环使用,减少了水产养殖污染,提高了生态环境质量。

任务设计与实施

【任务设计】

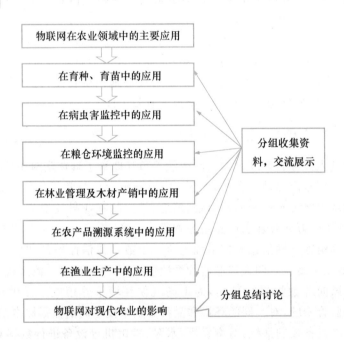

【任务实施】

通过角色游戏体验农产品溯源系统的实现过程。

游戏背景

某大型有机蔬菜生产企业,以农超对接的方式,直接向省内及至全国各大超市提供高品质有机蔬菜产品,企业涉及从种植、加工到包装、运输、销售等各环节。有机蔬菜生产对生产环境有严格的要求,禁止使用农药、化肥、生长调节剂等化学物质,不使用转基因工程技术,与其他蔬菜相比有机蔬菜在整个生产、加工和消费过程中更强调对环境的安全和可持续发展的观念。由于生产成本的提高,有机蔬菜比普通蔬菜在价格上通常要高出3～5倍,为防止市场上以普通蔬菜冒充有机蔬菜事件的发生,企业建立了有机蔬菜溯源系统。系统将有机蔬菜从种植、生产、加工到运输、销售各环节的数据记录下来,消费者拿到产品后可以通过终端查询机或智能手机、电脑等方式随时查询所购买的产品信息,使用户可放心使用有机蔬菜。

(1)在有机蔬菜种植环节,通常以批次或一个种植单位进行信息的记录和溯源。如在一块田地上种植有机西红柿,种植人员在这块田地上的种植操作对每个西红柿来说都是相同的,在采摘时,也通常将这些西红柿放在一起,可以认为这些西红柿是具有相同溯源属性的。因此给种在同一块田地上、具有相同环境属性的有机蔬菜分配同一个溯源码。种植人员基于这个溯源码来记种植过程中的种植时间、种植地点、施肥、灌溉、病虫防治等信息。在种植环节多采用RFID技术作为标识技术。

(2)包装和加工环节。在蔬菜成熟后,进行采摘,粗处理,清洗等环节。该企业采用直接面对消费者的包装方式,也就是企业直接将蔬菜进行最后的称重和包装,直接进入超市的货架面向消费者销售。为便于消费者在购买时对产品标签的识读,面向消费者的包装使用条形码技术。

(3)仓储环节。蔬菜产品是有活性的产品,对仓储的环境和时间要求较高,系统采用带有RFID标签的仓储单元盒,用于容纳带有条码标签的小包装蔬菜,在进入冷库前,带有条码的小包装蔬菜放在带有RFID标签的单元盒时建立单元盒RFID和条形码之间的对间关系,并将蔬菜重量、生产日期、储藏环境等信息记录在RFID标签中。冷库出口加装RFID识读设备,可以对进出冷库的蔬菜进行记录。存储的信息统一传输至数据中心保存。

(4)物流运输环节。物流环节与仓储环节相似,采用带有RFID标识的专用物流单元盒形式容纳带有条形码小包装的有机蔬菜,并冷链运输至目的地。同时记录运输的起止日期、地点、运输车环境等信息,并传输至数据中心保存。

(5)销售环节。小包装有机蔬菜进入超市后,根据超市销售系统要求,有些超市可以直接采用包装上的条形码标识进行销售,有些超市需要加贴超市统一标识。

(6)消费者溯源环节。消费者在购买到有机蔬菜后,可以采用多种手段进行信息查询。消费者可以在超市提供的溯源信息查询机上进行信息查询,也可以用智能手机通过扫描应用程式获取该产品的相关信息。

游戏方法:
(1)将全班分为七个小组,一至五组人数相同。
(2)一至五组成员分别代表不同类别的蔬菜。

（3）小组一至小组五成员分别经过种植分组环节、冷链运输环节、冷藏环节，最终进入销售环节，在不同环节以不同的方式编码标记，并将管理过程、环境信息等传递给第六小组负责的信息管理中心。编码信息流如图4-1-7。

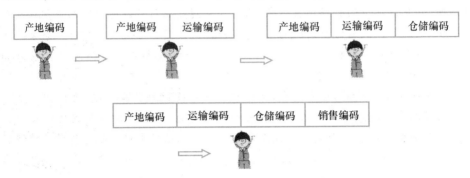

图 4-1-7　农产品追溯系统信息流示意图

（4）第七小组为最终消费者，通过最终产品销售编码获取信息管理中心提供的产品产、运、销环节的信息内容，如图4-1-8所示。

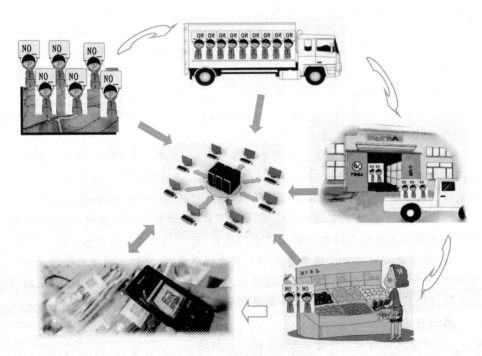

图 4-1-8　游戏过程示意图

2. 说说你心中的物联网。

3. 试讨论物联网为我国现代农业生产带来了哪些变化。

【知识拓展】

一、云计算

云计算没有一个确定的概念,通常认为包含以下两方面的内涵。一方面,云计算中的"云"指互联网,也就是说云计算是通过互联网来使用的,那么它就具有了互联网的一些特性。如可随时接入互联网络;无需专业支持就可以自助服务;实行免费或按使用付费的方式。另一方面,"云"也指计算池,也就是说不是构建一两台计算机的问题,而是要构建一定规模的集群,并且进行统一管理,形成资源池,才能满足计算业务的需求。具备较大规模、具有良好的可扩展性和可伸缩性、方便即时提供和更低的成本的特点。云计算将传统的 IT 产品、能力通过互联网以服务的形式交付给用户。包含提供计算服务、存储服务、网络服务等基础设施服务;提供开放给第三方的应用开发与运行托管平台,如 Google 的 App Engine 和微软的 Azure Platform 等;提供典型的办公软件服务和管理软件服务等如 Salesforce 的 CRM 服务、Zoho 的 Office 软件。

二、RFID 技术

RFID(Radio Frequency Identification)即射频识别技术,也称为无线射频识别或电子标签。RFID 是一种非接触式的自动识别技术,它通过利用射频信息号和空间耦合(电感或电磁耦合)传输特性,进行自动识别目标对象并获取相关数据。具有快速读写功能,外观小型化多样化,可在黑暗、水污、油渍等恶劣环境下使用,数据存储量大,可重复使用。RFID 广泛应用于物流管理、自动化控制、交通运输、动物监控、门禁防盗等多个领域。

项目思考与练习:

1. 谈谈实现农产品溯源系统的意义。

2. 说一说物联网在我国当前农业生产中有哪些应用领域。

附录　评价反馈

一、自我评价

1. 为了完成本项目任务的学习,你都做了哪些准备?

    (1)查找了哪些资料?

    (2)你有哪些设想?

2. 是否能按时完成项目任务要求?

3. 通过本项目任务的学习你有什么收获?

二、小组评价

序号	评价项目	评价情况(5 份)
1	学习态度	
2	学习方法	
3	团队协作	
4	学习效果	
5	职业能力提升	
6	社会能力提升	

参与评价的同学签名_____

三、综合评价

1. 教师评价

(1)对整个学习内容的小结归纳;

（2）对学习过程的总体评价。

教师签名_____

2. 学生评价

（1）对教师授课效果的评价；

（2）对学习效果的评价。

学生签名_____

参考资料

1. 张继平．智慧农业——信息通信技术引领绿色发展［M］．北京：电子工业出版社，2013．
2. 杨子林．计算机应用基础［M］．北京：中国农业出版社，2008．
3. 黄玉兰．物联网：射频识别（RFID）核心技术详解［M］．北京：人民邮电出版社，2010．
4. 陈红华．我国农产品可溯源系统研究［M］．北京：中国农业出版社，2009．